普通高等教育工程造价类专业系列教材

工程造价专业导论

主　编　李海凌　刘宇凡
副主编　陈胜明　陈泽友
参　编　庞　晶　张家瑛　让兴燕　李双巧
　　　　薛茂婷　阳艳亭
主　审　熊　伟

机械工业出版社

本书详细介绍了工程造价专业的属性、培养方案、专业特点和学习方法、学位授予、专业发展概况及本科院校专业开设现状，梳理了工程造价专业的基础知识，就工程造价专业的学习、考研、就业等给出了指导性意见和建议，并分析了工程造价行业的现状和发展趋势。本书旨在引导工程造价专业的学生对本专业有清晰的认识，培养学生对工程造价专业的学习兴趣和专业自信心。

本书可作为高等院校工程造价专业"工程造价专业导论""工程造价专业概论"等课程的教材，也可作为建筑类相关专业学生和建筑业造价管理、工程项目管理从业人员学习的参考书。

本书配有电子课件，免费提供给选用本书作为教材的授课教师。需要者请登录机械工业出版社教育服务网（www.cmpedu.com）注册后，免费下载。

图书在版编目（CIP）数据

工程造价专业导论/李海凌，刘宇凡主编. —北京：机械工业出版社，2020.8（2024.6 重印）

普通高等教育工程造价类专业系列教材

ISBN 978-7-111-66223-5

Ⅰ.①工… Ⅱ.①李… ②刘… Ⅲ.①工程造价-高等学校-教材

Ⅳ.①TU723.32

中国版本图书馆 CIP 数据核字（2020）第 137606 号

机械工业出版社（北京市百万庄大街 22 号 邮政编码 100037）

策划编辑：刘 涛 责任编辑：刘 涛 王 芳

责任校对：贾海霞 王明欣 封面设计：马精明

责任印制：单爱军

天津翔远印刷有限公司印刷

2024 年 6 月第 1 版第 7 次印刷

184mm×260mm·8.75 印张·211 千字

标准书号：ISBN 978-7-111-66223-5

定价：32.00 元

电话服务 网络服务

客服电话：010-88361066 机 工 官 网：www.cmpbook.com

010-88379833 机 工 官 博：weibo.com/cmp1952

010-68326294 金 书 网：www.golden-book.com

封底无防伪标均为盗版 机工教育服务网：www.cmpedu.com

前　言

工程造价专业在管理学学科门类中属于管理科学与工程类专业类别，在工程项目建设及管理中有着非常重要的作用。2012年教育部颁布的《普通高等学校本科专业目录》中，工程造价被列入目录内专业。培养学生了解专业、热爱专业，明确专业目标，激发学生的学习热情以及帮助学生掌握正确的学习方法，是工程造价专业导论课程教学的主要目标。

本书以"工程造价专业导论"课程的教学目标为指导进行编写，详细介绍了工程造价专业的属性、学位授予、本科院校开设现状及专业发展概况，对工程造价专业基础知识进行了梳理，详细介绍了工程造价专业的培养方案，对工程造价专业的学习、考研、就业给出了指导意见，并分析了工程造价行业的发展趋势。通过对本书的学习，学生可以系统地了解工程造价专业的产生与发展沿革，了解国内外工程造价行业发展动向和行业发展态势，了解工程建设与土木工程相关概念，熟悉工程造价专业的基础知识和理论体系，掌握工程造价专业的特点和学习方法，为今后的专业学习和专业发展打下基础、做好准备。

本书共6章。第1章为工程造价专业概述，第2章为工程造价专业基础知识，第3章介绍工程造价专业培养方案，第4章为工程造价专业学习指导，第5章为工程造价专业考研与就业，第6章为工程造价行业的发展。本书结构体系完整，内容注重实用性。配套有电子课件，方便教师教学。

本书由西华大学李海凌、四川农业大学刘宇凡担任主编。第1章由李海凌、庞晶、张家瑛、让兴燕共同编写，第2章由李海凌、刘宇凡、阳艳亭共同编写，第3章由李海凌、陈胜明共同编写，第4章由李海凌、薛茂婷共同编写，第5章由李海凌、李双巧共同编写，第6章由李海凌、陈泽友共同编写。

本书主审熊伟认真审阅了全书，并提出了修改意见和建议，编者在此表示衷心的感谢。

在编写本书过程中编者参考了一些文献资料，谨在此向作者及资料提供者致以衷心谢意。

编者虽然努力，但疏漏难免，恳请广大读者指正！

编　者

目　录

第 1 章
工程造价专业概述

1.1 工程造价专业属性

教育部颁布的《普通高等学校本科专业目录》将学科专业体系划分为学科门类、专业类别和专业 3 个层次。每一个学科门类被划分为若干专业类别（一级学科），而专业类别又根据实际学科的内涵被划分为若干专业（二级学科）。图 1-1 所示为我国现行的学科专业体系示意图。

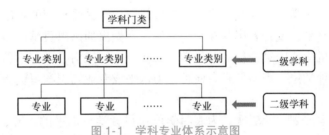

图 1-1　学科专业体系示意图

1. 学科门类

学科门类是对具有一定关联学科的归类，是授予学位的学科类别。根据国务院学位委员会、教育部印发的《学位授予和人才培养学科目录设置与管理办法》（学位〔2009〕10 号）的规定，学科门类由国务院学位委员会和教育部共同制定，是国家进行学位授权审核与学科管理、学位授予单位开展学位授予与人才培养工作的基本依据。

2011 年 3 月，国务院学位委员会和教育部颁布修订的《学位授予和人才培养学科目录（2011 年）》，规定我国分设哲学、经济学、法学、教育学、文学、历史学、理学、工学、农学、医学、军事学、管理学、艺术学等 13 个学科门类。2012 年《普通高等学校本科专业目录》分设除军事学外的 12 个学科门类，未设军事学学科门类，其代码"11"预留。

工程造价专业在《普通高等学校本科专业目录》中属于管理学学科门类。

2. 专业类别

专业类别是大学的不同专业分类。管理学学科门类包含管理科学与工程、工商管理、农业经济管理、公共管理、图书情报与档案管理、物流管理与工程、工业工程、电子商务、旅游管理 9 个专业类别（一级学科）。

工程造价专业在管理学学科门类中属于管理科学与工程类专业类别。

3. 专业

在"管理科学与工程类"下分设管理科学、信息管理与信息系统、工程管理、房地产开发与管理、工程造价、保密管理、邮政管理、大数据管理与应用、工程审计、计算金融、应急管理 11 个专业（二级学科）。其中，邮政管理、大数据管理与应用、工程审计、计算金融、应急管理、保密管理为特设专业；保密管理既是特设专业，也是国家控制布点专业。图 1-2 所示为工程造价专业的学科归属示意图。

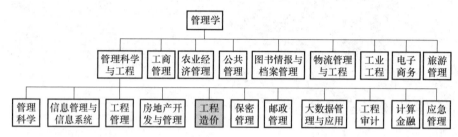

图 1-2　工程造价专业学科归属示意图

1.2　工程造价专业授予学位

学位是授予个人的学术称号或学术性荣誉称号，表示其受教育的程度或在某一学科领域里已经达到的学术水平，或是表彰其在某一领域中所做出的杰出贡献。由具备授予资格的高等学校、科学研究机构或国家授权的其他学术机构、审定机构授予。学位称号终身享有。专业技术人员拥有何种学位，表明他具有何种学力水平或专业知识学习资历。

1. 学位等级

学位等级是对学位划分的层次。为表明学位获得者学术水平的差异，对学位划分等级，形成学位层次，以不同的学术称号授予学位。不同国家的文化传统和授予学位历史不同，对学位等级的划分也不同。

目前多数国家将学位划分为学士、硕士、博士三级。

博士后，又称博士后研究员，是指那些在取得博士学位之后在大学或科研机构中有限期地专门从事相关研究或深造的人。博士后工作的机构被称为"博士后科研流动站"或"博士后科研工作站"。作为有期限的工作（研究）人员，在工作期满后，必须退出博士后站点。博士后不是一种学位，将它看成是一种高于博士的学位，是对学位制度的一种误解。

工程造价专业在《普通高等学校本科专业目录（2020 年版）》中属于管理学学科门类。《普通高等学校本科专业目录（2020 年版）》规定工程造价专业可授管理学或工学学士学位。

2. 学历

学历是指人们在教育机构中接受科学、文化知识训练的学习经历。从广义上讲，任何一段学习经历，都可以成为学习者的"学历"。而人们通常所说的"学历"具有特定的含义和特定的价值，是指一个人最后也是最高层次的一段学习经历，并以经教育行政部门批准、实施学历教育、由国家认可的有文凭发放权力的学校及其他教育机构所颁发的学历证书为凭证。

我国目前国民教育系列的高等教育学历分专科、本科、硕士研究生和博士研究生四个层次。

3. 学历和学位的区别

学位不等同于学历，获得学位证书而未取得学历证书者仍为原学历。取得硕士学位或博士学位证书的，却不一定能够获得硕士研究生或博士研究生毕业证书；而取得大学本科毕业证书的，却不一定能够获得学士学位证书。如硕士毕业之后通过在职人员学位申请取得了博士学位，这时学历仍为硕士研究生，学位为博士。现在经常出现将学位与学历相混淆的现象，在职申请学位不是学历教育；申请人在获得学位后，只表明其在学术上已达到博士学位的学术水平，具有博士学位毕业研究生的同等学力（学习能力的"力"），不涉及学历。因此申请人的学历并没有改变，也不能获得博士研究生毕业证书。

4. 工程造价的学位授予

工程造价专业的主要支撑学科为管理科学与工程、建设工程相关学科以及经济学、管理学、法学门类的相关学科。现阶段，工程造价专业的学位授予有两种情况。

（1）设立于工学类学科和工科专业为主的院校　以工学类学科和工科专业为主的院校一般将工程造价专业开设在工科学院内。

以兰州交通大学为例，它是一所以工科为主，理学、经济学、管理学、文学和艺术学兼有的教学研究型大学。工程造价专业是兰州交通大学土木工程学院下的二级学科，其土木工程学院下的二级学科还有土木工程、工程管理、水利水电工程、工程力学、铁道工程、道路桥梁与渡河工程等 6 个本科专业。正是由于兰州交通大学的工科专业背景以及学校开设专业的侧重点为工学类学科，所以工程造价的授位为工学学士学位。

再比如重庆大学。工程造价专业开设于管理科学与房地产学院，该学院下设专业还包括工程管理、财务管理、房地产开发与管理等。重庆大学管理科学与房地产学院，前身是创立于 1981 年的重庆建筑工程学院建筑管理工程系，是我国最早创办建筑工程管理专业的院系之一，学院的专业背景依然以工科专业为主。工程造价专业主干学科为土木工程、管理科学与工程，开设课程主要有房屋建筑学、工程经济学、建筑与装饰工程估价、安装工程估价、建设工程成本规划与控制等，该专业授予工学学士学位。

（2）设立于经济学、管理学类学科为主体的院校　以经济学、管理学学科为主体的院校一般将工程造价专业开设在管理类学院内。以贵州财经大学为例，贵州财经大学是一所以经济学、管理学为主体，法学、哲学、文学、教育学、艺术学、理学、工学等多学科协调发展的财经类大学。工程造价专业设立于管理科学与工程学院的工程管理系中。该学院的工程造价专业主要课程加强了对管理学、西方经济学、管理运筹学、工程经济学、统计学等管理类课程的学习，工程造价专业的授位形式也就自然是管理学学士学位。

1.3　工程造价专业的招生

目前，我国高等学校招收考生时有文科、理科、文理兼收这三种情况。这种招生生源类别的划分与我国现行的普通高等教育是吻合的。

工程造价专业招收的考生分为理科、文理兼收两种情况。

工程造价主要服务于土木建筑领域，是交叉学科，也是以工程项目管理理论和方法为主导的社会科学与自然科学相交的边缘学科。正是这种交叉性和边缘性使得工程造价专业的招生没有明确的文理划分，存在理工类和文理兼收两种情况。

（1）仅招收理工类学生　这类学校以工科院校为主，培养方案和开设课程注重技术基础，需要学生具有一定的理工科思维，旨在培养具有专业工科理论的造价管理实践性人才。因此在专业招生时更偏于理工类学生，也正是由于学校的工科背景和侧重方向，常常授予工学学士学位。

（2）文理兼收　这类学校以综合类和财经院校为主，培养方案和开设的专业课以经济学、财务管理等管理类课程居多，旨在培养具有全局观念的综合性造价管理人才，常常授予管理学学士学位。

1.4　工程造价专业发展概况

1.4.1　我国高校工程造价专业发展概况

1. 工程造价专业的历史沿革

我国高等院校工程造价本科专业教育发展的历史可以追溯到 20 世纪 50 年代初期。当时，我国在第一个五年计划期间接受了苏联援建的 156 项工程建设项目，并引进和沿用了苏联建设工程的定额计价方式，该方式属于计划经济的产物。为有效推行计划经济体制下的基本建设管理模式和确保上述援建项目顺利完成，需要培养建筑施工企业工程项目管理专业人才，同济大学于 1956 年创办了"建筑工程经济与组织"专业，西安建筑工程学院（现西安建筑科技大学）设置了"建筑工程经济与计划管理"专业，学制五年，这是我国高等教育体系中首次将工程管理设置为独立本科专业。但是鉴于当时国家实行严格的计划经济体制，基本建设领域对该专业毕业生的实际需求量不大，该专业的毕业生多未从事建筑管理工作，而是从事工程概预算及设计、施工等技术工作，这可以认为是我国工程造价专业的雏形。

1978 年以后，由于我国实行改革开放政策与经济体制改革，基本建设投资规模迅速增长，建筑业逐步成为国民经济的支柱产业，对工程管理类专业人才的需求增加，我国部分高等学校相应恢复或新设置了工程管理类专业。

自 20 世纪 50 年代以来，我国一些高等学校相继设置建筑经济与管理等本科专业，在其课程体系中设置了工程造价课程。

1998 年，教育部对高校本科专业目录进行调整，将原"房地产经营与管理""管理工程""国际工程管理""涉外建筑工程营造与管理"合并更名为"工程管理"，下设"房地产经营管理""投资与工程造价管理""工程项目管理""国际工程承包""物业管理"5 个方向。工程造价管理成为工程管理本科专业的一个重要专业方向。

21 世纪以来，随着我国对工程造价专业人才需求数量的不断增加，工程造价专业教育得到快速发展。2003 年经教育部批准，部分高等学校在《普通高等学校本科专业目录》外独立设置了工程造价本科专业。2012 年教育部颁布的《普通高等学校本科专业目录》中，工程造价专业被列入目录内。

我国高等学校工程造价专业的历史沿革如图 1-3 所示。

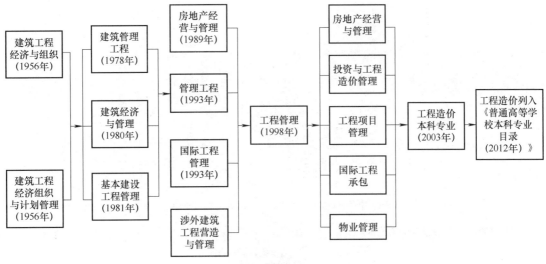

图 1-3　工程造价专业历史沿革

工程管理专业和工程造价专业是有渊源的。目前二者都归属于管理科学与工程一级学科（见图 1-2）。工程造价的确定可视为工程管理的工作范畴，是经济与施工技术相统一的管理过程；而合理确定施工方案也是工程造价的一项内容。因此，二者之间是相互渗透的。

2. 开设工程造价专业的普通高等学校的数量

近几年，随着建筑业和房地产业的快速发展，对工程造价专业人才的需求量也逐年增加。因此，我国越来越多的普通高等学校开设工程造价专业，培养更多的工程造价专业人才以适应社会发展的需要。截至 2019 年 7 月，开设工程造价专业的本科学校达到 253 所，详见附录国内开设工程造价专业本科院校名单（2019）。

由图 1-4 可以看出，2003—2012 年增长速度较慢，10 年间增加了 39 所，平均每年约新增 4 所本科学校开设工程造价专业。从 2013 年开始，开设本科工程造价专业院校的数量的增加明显加快，其中 2013 年增加了 52 所，2014 年增加了 46 所，2015 年增加了 32 所，2016 年增加了 40 所，仅这 4 年增加的学校数量就是 2012 年的 4 倍多。2017 年增长了 12 所，2018 年增长了 2 所，2019 年增长 31 所，呈现出增长趋缓的态势。

截至 2019 年 7 月，开设工程造价专业的本科学校在七大地区的分布情况如图 1-5 所示。

由图 1-5 可以看出，就学校数量来看，华东地区最多，比例高达 24.90%；华中居第二位，所占比例达到 19.76%；西南地区居第三位，所占比例为 18.97%。这说明东南部地区工程造价专业人才供应量很大，而西北部地区相对较少；同时说明了东南部地区的建筑行业较西北部发达。随着西北部地区对建筑业产业结构的不断调整，国家对西北部地区经济发展的支持，该地区未来对工程造价人才的需求必然增加，而目前的学校分布情况可能带来区域不匹配的情况，将影响西北部地区的工程造价人才市场的发展。

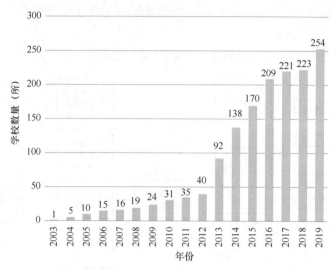

图 1-4　2003—2019 年开设工程造价本科专业学校数量

数据来源：中华人民共和国教育部

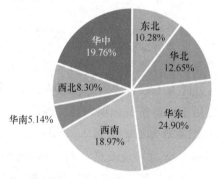

图 1-5　2019 年我国开设工程造价专业本科学校在七大地区所占比重

数据来源：1. 教育部高校招生阳光工程指定平台（指导单位为教育部高校学生司）
　　　　　2. 各高校官方网站

1.4.2　国外高校工程造价专业发展概况

国际上，工程造价高等教育与专业人士执业资格制度是紧密联系在一起的，重视工程咨询行业和市场对人才的需求，有健全的专业协会介入制度，已经形成了与专业人士执业资格制度一体化的高等教育人才培养体系。工程造价的学科教育可以分为两大体系：一是以英国为代表的工料测量（Quantity Surveying，QS）体系，强调成为工料测量师（Quantity Surveyor，QS）的条件之一是必须获得相应的工料测量学历；二是以美国为代表的工程造价（Cost Engineering，CE）体系，强调专业人士执业资格的获得是基于工程技术教育，即在北美获得造价工程师资格，必须首先获得工程师资格或具有工程学历背景，然后参加美国造价工程师协会（Association of the American Cost Engineer，AACE）的资格考试后才可以取得专业资格。QS 教育体系侧重施工技术、经济、管理、法律和信息交流五个领域。CE 教育体系比较注重工程和技术，对于管理，特别是造价管理方面的教育还不突出。两大体系下的专业人士执业资格都得到了国际公认。两种体系都有较长的发展历史，在专业课程体系的设置上，都实行通过行业协会对高校实施专业课程认可制度，从而保证了专业课程设置和专业领域职业要求的对接。

1. 英联邦体系下的工料测量专业

与我国不同（我国高校的专业设置要求与教育部颁布的专业名称和学制年限相一致），英国教育系统授予了大学很大的办学自主权，大学可以决定专业名称和相应的学制年限。如英格兰中部大学（University of Central England）建筑环境系，在工程造价领域有3个与工程造价相关的专业：建造工程测量、工料测量、建造管理与经营；雷丁大学（University of Reading）建筑管理专业有建造管理、建筑管理、工程测量、工料测量、建筑设施工程设计与管理五种学士学位。

在澳大利亚，昆士兰科技大学（The Queensland University of Technology）、纽卡斯尔大学（The University of Newcastle）、皇家墨尔本理工大学（RMIT University）、悉尼科技大学（University of Technology Sydney）、新南威尔士大学（The University of New South Wales）设有与工程造价相关的专业。昆士兰科技大学设置的与工程造价专业密切相关的课程有工程量计算、建筑经济管理、建筑经济和造价管理等，学生有三种学习方式可以选择：四年全日制学习、四年全日制插班学习、六年业余学习。

新加坡国立大学（National University of Singapore）设计和环境学院建筑系，各专业的核心课程有4类：工料测量、建筑及项目管理、建筑经济及建筑总体性能。这些课程又分为必修课、选修课和辅修课，学生在4年中修满145学分才能获得理学学士学位。新加坡国内外的相关专业机构对新加坡国立大学的这些课程予以认可。

以英国为代表的工程造价专业高等教育的主要特点：

1）学制非常灵活。有全日制三年学习、四年三明治式学习（第1、2、4年上课，第3年有薪实习）、业余学习和远程教育4种方法。

2）模块式教学。如雷丁大学的基础课程和专业课程都设置了不同的模块，每个模块中的课程都非常丰富，可供学生选择。

3）重视实践环节的教育。设置了大量的实习环节，对专业实习的质量要求也非常严格。

4）设置大量选修课。为学生的个性化发展创造了很好的条件，学生可按照自己的兴趣发展未来的事业。

2. 美国体系下的造价工程专业

在美国，建筑管理专业受工程技术评审委员会（ABET）和美国建筑教育委员会（ACCE）的评估。

ABET评估的是工程类的建筑管理专业，授予的学位是建筑工程管理学士（CEM）学位。爱荷华州立大学（Iowa State University）、北卡罗来纳州立大学（North Carolina State University）、北达科他州立大学（North DaKota State University）、普渡大学（Purdue University）、新墨西哥州立大学（University of New Mexico）、威斯康星大学麦迪逊分校（University of Wisconsin-Madison）、西密歇根大学（Wester Michigan University）等高校的CEM专业被ABET所承认。该专业的毕业生受到各类型承包商、建筑设计公司、业主的欢迎。毕业生可获得的职位包括：主管，项目经理，市场拓展员，现场成本、进度、设计、安全以及质量控制工程师和业主代表。

ACCE 对非工程类的建筑管理学士学位进行评估。相关专业可隶属于工程学院、建筑、设计、商业或技术学院。美国开设已接受 ACCE 评估的工程管理相关专业的大学约有 40 多所。

以美国为代表的工程造价专业高等教育的主要特点：

1）课程内容涉及建筑工程的各个领域，包括现场管理、工程项目控制、合同管理、工程保险等。相关的其他选修课也非常丰富，包括经济、管理、社会科学、法律、计算机软件等。

2）注重实践环节。学校为学生提供充足的实践机会，有的甚至提供到国外实习的机会，以提高学生的工程能力。

3）专业设置与行业协会联系紧密。行业协会评估专业课程体系，对课程体系的形成起指导作用。受专业协会认可的专业，其学生有机会到专业协会实习，表现优秀者还能得到协会的推荐，获得更多、更好的就业机会。

4）商业及管理类课程，各院校都以会计学和经济学为主。

5）许多高校重视培养学生的工程安全意识，开设了建筑工程安全管理的课程。

本章小结

本章对工程造价专业进行了概述，介绍了工程造价的专业属性、学位授予及专业招生情况；还对国内外工程造价的专业发展进行了介绍。通过本章，可以更清晰地了解工程造价专业在学科专业体系中的位置，了解不同学科背景的院校工程造价专业招生及学位授予的不同，了解工程造价专业的发展历程。

思考题

1. 阐述工程造价专业的专业属性。
2. 为什么工程造价专业可以授予工学学士学位，也可以授予管理学学士学位？
3. 简述我国的工程造价专业的发展历程。
4. 入学前和现在，你对工程造价专业的认识有变化吗？有哪些需要调整的认识？

第 2 章
工程造价专业基础知识

2.1　专业背景及对象界定

2.1.1　建设工程与建设项目的概念

1. 建设工程

建设工程是指建造新的或改造原有的固定资产，是固定资产再生产过程中形成综合生产能力或发挥工程效益的，为人类生活、生产提供物质技术基础的各类建筑物和工程设施的统称。

根据中华人民共和国国家标准《建设工程分类标准》（GB/T 50841—2013），工程造价专业所涉及的建设工程主要是指建筑工程、土木工程和机电工程三大类。其中，建筑工程包括民用建筑工程、工业建筑工程、构筑物工程和其他建筑工程；土木工程包括道路工程、轨道工程、桥涵工程、隧道工程、水工工程、矿山工程、架线与管沟工程以及其他土木工程；机电工程包括工业、农林、交通、水工、建筑、市政等各类工程中的设备、管路、线路工程。

建设工程可以理解为工程造价专业的学习背景，也可以理解为工程造价专业的行业背景。

2. 建设项目

建设项目是基本建设项目的简称，是以建设工程为载体的项目，是作为被管理对象的一次性工程建设任务。它以建筑物或构筑物为目标产出物，需要按照一定的程序、在一定的时间内完成，并应符合相关质量要求。

建设项目可以理解为工程造价专业具体的学习对象。

根据建设项目的组成内容和层次，按照分解管理的需要，从大至小依次可分为单项工程、单位工程、分部工程和分项工程。

建设项目是指按一个总体规划或设计进行建设的，由一个或若干个互有内在联系的单项工程组成的工程总和。

建设项目的总体规划或设计是对拟建工程的建设规模、主要建筑物构筑物、交通运输路网、各种场地、绿化设施等进行合理规划与布置所做的文字说明和图纸文件。如新建一座工厂，它应该包括厂房车间、办公大楼、食堂、库房、烟囱、水塔等建筑物、构筑物以及它们之间相联系的道路；又如新建一所学校，它应该包括办公行政楼、一栋或几栋教学大楼、实验楼、图书馆、学生宿舍等建筑物。这些建筑物或构筑物都应包括在一个总体规划或设计之中，总体规划或设计反映它们之间的内在联系和区别。

（1）单项工程　单项工程是具有独立的设计文件、建成后能够独立发挥生产能力或使用功能的完整工程。

单项工程是建设项目的组成部分，一个建设项目可以包括多个单项工程，也可以仅有一个单项工程。工业建筑中一座工厂的各个生产车间、办公大楼、食堂、库房、烟囱、水塔等，非工业建筑中一所学校的教学大楼、图书馆、实验室、学生宿舍等，都是具体的单项工程。

（2）单位工程　单位工程是指具有独立的设计文件，能够独立组织施工，但不能独立发挥生产能力或使用功能的工程。

单位工程是单项工程的组成部分。在工业与民用建筑中（如一幢写字楼或教学大楼），可以划分为建筑与装饰工程、电气工程、给排水工程等。

（3）分部工程　分部工程是单位工程的组成部分，是按结构部位、路段长度及施工特点或施工任务将单位工程划分为若干个项目单元。

土石方工程、地基基础工程、砌筑工程等就是单位工程——房屋建筑工程的分部工程；楼地面工程、墙柱面工程、天棚工程、门窗工程等就是装饰工程的分部工程。

（4）分项工程　在每一个分部工程中，因为构造、使用材料规格或施工方法等不同，完成同一计量单位的工程所需要消耗的人工、材料和机械台班数量及其价值的差别很大，所以还需要把分部工程进一步划分为分项工程。分项工程是分部工程的组成部分，是按不同施工方法、材料、工序及路段长度等将分部工程划分出的若干个项目单元。

综上所述，一个建设项目由一个或多个单项工程组成，一个单项工程由一个或多个单位工程组成，一个单位工程又由若干个分部工程组成，一个分部工程又可划分为若干个分项工程。分项工程是建筑工程计量与计价的最基本部分。建设项目的分解既是工程施工与建造的基本要求，也是计算工程造价的基本需求。工程造价的形成与建设项目的分解对应关系如图2-1所示。

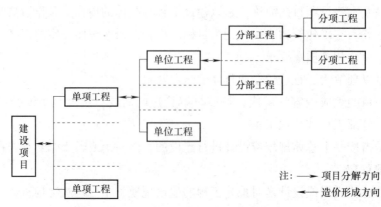

图2-1　工程造价的形成与建设项目的分解对应关系

分项工程是可以通过较为简单的施工过程生产出来，并可用适当的计量单位测算或计算其消耗量和单价的建筑或安装的基本单元。如土石方工程，可以划分为平整场地、挖沟槽土方、挖基坑土方等；砌筑工程，可以划分为砖基础、砖墙等；混凝土及钢筋混凝土工程，可划分为现浇混凝土基础、现浇混凝土柱、预制混凝土梁等。分项工程是分部工程的构成要素，是为了计算人工、材料、机械等消耗量以及工程造价计算而划分出来的一种基本项目单元，它既是工程建造的基本单元，也是建设项目计价的基本单元。

2.1.2　建设项目的建设程序

建设项目的建设程序是指建设项目从策划、评估、决策、设计、施工到竣工验收、投入生产和交付使用的整个建设过程中，各项工作必须遵循的先后工作次序。

各个国家和国际组织在建设项目建设程序上可能存在着某些差异，但是按照建设发展的内在规律，投资建设一个建设项目都要经过决策分析、建设准备、实施、验收与保修、生产与使用五个阶段，各个阶段又可分为若干个步骤。各个阶段之间存在严格的先后次序，可以进行合理的交叉，但不能任意颠倒。

1. 决策分析阶段的工作内容

分析项目投资意向及投资机会，进行相关报告的编制。

（1）编制项目建议书　项目建议书是拟建项目单位向政府主管部门提出的要求建设某一项目的建议文件，是对建设项目的轮廓设想。项目建议书的主要作用是推荐一个拟建项目，论述其建设的必要性、建设条件的可行性和获利的可能性，供政府主管部门选择并确定是否进行下一步工作。

对于政府投资项目，项目建议书按要求编制完成后，应根据建设规模和限额划分分别报送有关部门审批。项目建议书经批准后，可以进行详细的可行性研究工作，但并不表明项目非上不可，批准的项目建议书不是项目的最终决策。

根据《国务院关于投资体制改革的决定》（国发〔2004〕20 号），对于企业不使用政府资金投资建设的项目，政府不再进行投资决策性质的审批。项目实行核准制或登记备案制，企业不需要编制项目建议书而可直接编制可行性研究报告。

（2）编制可行性研究报告　可行性研究的目的是对建设项目在技术上是否可行和经济上是否合理进行科学的分析和论证。可行性研究工作完成后，需要编写出反映其全部工作成果的"可行性研究报告"。

（3）项目投资的审批立项　在我国，根据《国务院关于投资体制改革的决定》，政府投资项目和非政府投资项目分别实行审批制、核准制或备案制。

1）政府投资项目。对于采用直接投资和资本金注入方式的政府投资项目，政府需要从投资决策的角度审批项目建议书和可行性研究报告，除特殊情况外不再审批开工报告，同时还要严格审批其初步设计和概算；对于采用投资补助、转贷和贷款贴息方式的政府投资项目，则只审批资金申请报告。

政府投资项目一般都要经过符合资质要求的咨询中介机构的评估论证，特别重大的项目还应实行专家评议制度。政府将逐步实行政府投资项目公示制度，以广泛听取各方面的意见和建议。

2）非政府投资项目。对于企业不使用政府资金投资建设的项目，一律不再实行审批制，区别不同情况实行核准制和备案制。

① 核准制。企业投资建设《政府核准的投资项目目录》中的项目时，仅需向政府提交项目申请报告，不再经过批准项目建议书、可行性研究报告和开工报告的程序。

② 备案制。对于《政府核准的投资项目目录》以外的企业投资项目，实行备案制。除国家另有规定外，由企业按照属地原则向地方政府投资主管部门备案。

为扩大大型企业集团的投资决策权，对于建立现代企业制度的特大型企业集团，投资建设《政府核准的投资项目目录》中的项目时，可以按项目单独申报核准，也可编制中长期发展建设规划，规划经国务院或国务院投资主管部门批准后，规划中属于《政府核准的投资项目目录》中的项目不再另行申报核准，只需办理备案手续。企业集团要及时向国务院有关部门报告规划执行和项目建设情况。

2. 准备阶段的工作内容

项目建设在正式实施之前要切实做好各项准备工作，其主要内容包括：

1）进行项目建设目标规划。

2）征地、拆迁，获取土地使用权。

3）完成报建工作。

4）组织招标，选择工程承包单位、监理单位及设备、材料供应商。

3. 实施阶段的工作内容

（1）勘察设计，设计文件审批　勘察分可行性研究、初勘、定测和补充定测4个阶段。每个勘察阶段都有相应目的：确定建筑选址的地质水文可行性；对地质水文情况做一个大致勘察；详勘，弄清楚每一个地层岩土情况，做原位试验、土工试验等，确定地基承载力，进而采取合适的基础形式和施工方法。因此，实际在可行性研究阶段就可能涉及勘察工作。

工程设计阶段一般划分为两个阶段，即初步设计和施工图设计。重大项目和技术复杂项目，可根据需要增加技术设计阶段。

1）初步设计。初步设计是根据可行性研究报告的要求所做的具体实施方案，目的是阐明在指定的地点、时间和投资控制金额内，拟建项目在技术上的可行性和经济上的合理性。并根据对建设项目所做出的基本技术规定，编制项目总概算。

初步设计不得随意改变被批准的可行性研究报告中确定的建设规模、产品方案、工程标准、建设地址和总投资等控制指标。如果初步设计提出的总概算超出可行性研究报告总投资的10%以上或其他主要指标需要变更时，应说明原因和计算依据，并重新向原审批单位报批可行性研究报告。

2）技术设计。技术设计应根据初步设计和更详细的调查研究资料编制，以进一步解决初步设计中的重大技术问题，如工艺流程、建筑结构、设备选型及数量确定等，使建设项目的设计更具体、更完善，技术指标更好。

3）施工图设计。施工图是最详细的工程设计图。施工图设计的任务是根据初步设计或技术设计的要求，结合现场实际情况，完整地表现建筑物外形、内部使用功能、结构体系、构造状况，以及建筑群的组成与周围环境的配合。它还包括各种运输、通信、管道系统、建筑设备的设计。在工艺方面，施工图设计应具体确定各种设备的型号、规格及各种非标准设备的制造加工图。

设计文件审批主要指施工图审查，是由建设主管部门认定的施工图审查机构按照有关法律、法规，对施工图涉及公共利益、公众安全和工程建设强制性标准的内容进行的审查。国务院建设行政主管部门负责全国的施工图审查管理工作，省、自治区、直辖市人民政府建设行政主管部门负责组织本行政区域内的施工图审查工作的具体实施和监督管理工作。

（2）施工准备　施工准备的主要内容包括：

1）场地平整。

2）完成施工用水、电、通信、道路等接通工作。

3）组织招标，选择工程监理单位、承包单位及设备、材料供应商。

4）准备必要的施工图。

5）办理工程质量监督手续和施工许可证。建设单位完成工程建设准备工作并具备工程开工条件后，应及时办理工程质量监督手续和施工许可证。

（3）工程施工　建设项目经批准开工建设即进入施工安装阶段。项目开工时间，是指建设项目设计文件中规定的任何一项永久性工程第一次正式破土开槽开始施工的日期。不需要开槽的工程，正式开始打桩的日期就是开工日期。铁路、公路、水库等需要进行大量土方、石方工程的施工，以开始进行土方、石方工程施工的日期作为正式开工日期。工程地质勘查、平整场地、旧建筑物的拆除、临时建筑、施工用临时道路和水电等工程开始施工的日期不能作为正式开工日期。分期建设的项目分别按各期工程开工的日期计算，如二期工程应根据工程设计文件规定的永久性工程开工的日期计算。

施工安装活动应按照工程设计要求、施工合同条款、有关工程建设法律法规、规范标准及施工组织设计，在保证工程质量、工期、成本、安全、环保等目标的前提下进行。工程达到竣工验收标准后，由施工承包单位移交建设单位。

（4）生产准备（试运转）　对于生产性建设项目而言，生产准备是项目投产前由建设单位进行的一项重要工作。它是衔接建设和生产的桥梁，是项目建设转入生产经营的必要条件。建设单位应适时组成专门机构做好生产准备工作，确保项目建成后能及时投产。生产准备工作包括：

1）招收和培训生产人员。该步骤主要包括招收项目运营过程中所需要的人员，并采用多种方式对他们进行培训，特别要组织生产人员参加设备的安装、调试和工程验收工作，使其能尽快掌握生产技术和工艺流程。

2）组织准备。组织准备主要包括生产管理机构设置、管理制度和有关规定的制订、生产人员配备等。

3）技术准备。技术准备主要包括国内装置设计资料的汇总，有关国外技术资料的翻译、编辑，各种生产方案、岗位操作法的编制以及新技术的准备，等等。

4）物资准备。物资准备主要包括落实生产用的原材料、协作产品、燃料、水、电、气等的来源和其他需协作配合的条件，并组织工装、器具、备品、备件等的制造或订货。

4. 工程验收与保修阶段的工作内容

（1）竣工验收　当建设项目按设计文件的规定内容和施工图的要求全部建完后，便可组织验收。竣工验收是投资成果转入生产或使用的标志，也是全面考核工程建设成果、检验设计和工程质量的重要步骤。

1）竣工验收的范围和标准。按照我国现行规定，建设项目按批准的设计文件所规定的内容建成，符合验收标准，即工业项目经过投料试车（带负荷运转）合格、形成生产能力的，非工业项目符合设计要求、能够正常使用的，都应及时组织验收，办理固定资产移交手续。建设项目竣工验收、交付使用，应达到下列标准：

① 生产性项目和辅助公用设施已按设计要求建完，能满足生产要求。

② 主要工艺设备已安装配套，经联动负荷试车合格，形成生产能力，能够生产出设计文件规定的产品。

③ 职工宿舍和其他必要的福利设施，能适应投产初期的需要。

④ 生产准备工作能满足投产初期的需要。

⑤ 环境保护措施、劳动安全卫生措施、消防设施已按设计要求与主体工程同时建成使用。

以上是我国对建设项目竣工应达到标准的基本规定，各类建设项目除遵循上述共同标准外，还要结合其专业特点确定竣工应达到的具体条件。

对某些特殊情况，工程施工虽未全部按设计要求完成，但也应进行验收，这些特殊情况主要是指：

① 因少数非主要设备或某些特殊材料短期内不能解决，虽然工程内容尚未全部完成，但已可以投产或使用。

② 规定的内容已建完，但因外部条件的制约，如流动资金不足、生产所需原材料不能满足等，而使已建成工程不能投入使用。

③ 有些建设项目或单位工程，已形成部分生产能力，但近期内不能按原设计规模续建的，应从实际情况出发，经主管部门批准后，可缩小规模对已完成的工程和设备组织竣工验收，移交固定资产。

按我国现行规定，已具备竣工验收条件的工程，3个月内不办理验收投产和移交固定资产手续的，取消企业和主管部门（地方）的基建试车收入分成，由银行监督全部上缴财政。如3个月内办理竣工验收确有困难，经验收主管部门批准，可以适当推迟竣工验收时间。

2）竣工验收的准备工作。建设单位应认真做好工程竣工验收的准备工作，主要包括：整理技术资料，绘制竣工图，编制竣工决算。

3）竣工验收的程序和组织。根据我国现行规定，规模较大、较复杂的工程建设项目应先进行初步验收，然后进行正式验收；规模较小、较简单的建设项目，可以一次进行全部项目的竣工验收。

全部建完，经过各单位工程的验收，符合设计要求，并具备竣工图、竣工决算工程总结等必要文件资料的建设项目，由项目主管部门或建设单位向负责验收的单位提出竣工验收申请报告。

4）竣工验收备案。《房屋建筑工程和市政基础设施工程竣工验收备案管理暂行办法》（建设部令第 78 号）规定，建设单位应当自工程竣工验收合格之日起 15 日内，向工程所在地的县级以上地方人民政府建设行政主管部门备案。

（2）工程保修　《建设工程质量管理条例》第三十二条规定：施工单位对施工中出现质量问题的建设工程或者竣工验收不合格的建设工程，应当负责返修。

在正常使用条件下建设工程的最低保修期限为：

1）基础设施工程、房屋建筑的地基基础工程和主体结构工程，为设计文件规定的该工程的合理使用年限。

2）屋面防水工程，有防水要求的卫生间、房间和外墙面的防渗漏工程，为 5 年。

3）供热与供冷系统，为 2 个采暖期、供冷期。

4）电气管线、给排水管道、设备安装和装修工程，为 2 年。

5. 生产与使用阶段

（1）生产或使用　建设项目竣工验收合格后，进入生产或使用阶段。

（2）投资后评价　投资后评价是建设项目实施阶段管理的延伸。建设项目竣工验收交付使用，只是工程建设完成的标志，而不是建设项目管理的终结。建设项目建设和运营是否达到投资决策时所确定的目标，只有经过生产经营或使用、取得实际投资效果后，才能进行正确的判断。也只有在这时，才能对建设项目进行总结和评估，才能综合反映建设项目建设和管理各环节工作的成效和存在的问题，并为以后改进建设项目管理、提高建设项目管理水平、制订科学的建设项目建设计划提供依据。

投资后评价的基本方法是对比法。对比法就是将建设项目建成投产后所取得的实际效果、经济效益和社会效益、环境保护等情况与前期决策阶段的预测进行对比，与项目建设前的情况相对比，从中发现问题、总结经验和教训。在实际工作中，往往从以下两个方面对建设项目进行投资后评价。

1）效益后评价。项目效益后评价是项目后评价的重要组成部分。它以项目投产后实际取得的效益（经济、社会、环境等）及隐含在其中的技术影响为基础，重新测算项目的各项经济数据，得到相关的投资效果指标值，然后与项目前期评估时预测的有关经济效果值（如净现值 NPV、内部收益率 IRR、投资回收期 P_t 等）、社会环境影响值（如环境质量值 IEQ 等）进行对比，评价和分析其偏差情况以及原因，吸取经验教训，为提高项目的投资管理水平和投资决策服务。效益后评价具体包括经济效益后评价、环境效益和社会效益后评价、项目可持续性后评价及项目综合效益后评价。

2）过程后评价。过程后评价是指对建设项目的立项决策、设计施工、竣工投产、生产运营等全过程进行系统分析，找出项目后评价与原预期效益之间的差异及其产生的原因，同时针对问题提出解决办法。

以上两方面的评价有着密切的联系，必须全面理解和运用，才能对后评价项目做出客观、公正、科学的评价。

建设项目的建设程序如图 2-2 所示。建设程序是工程建设过程客观规律的反映，是建设项目科学决策和顺利进行的重要保证。

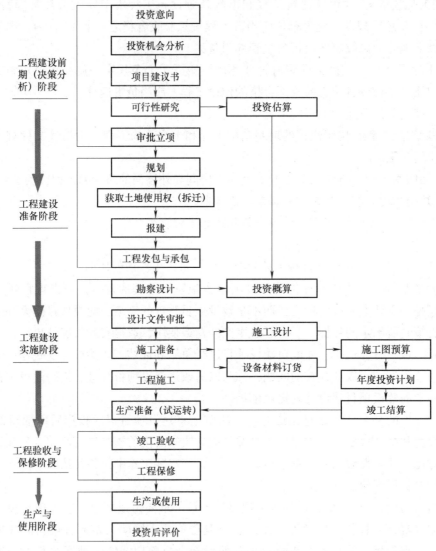

图 2-2　建设项目的建设程序

　　建设项目的建设程序概念主要是从建设项目建设过程的客观规律及法律法规的层面进行界定的，建设程序的阶段划分与工程造价的多次性计价特性的关系如图 2-3 所示。

2.2　工程造价

2.2.1　工程造价发展历史

　　工程造价是随着社会生产力的发展以及社会经济和管理科学的发展而产生和发展的。从历史发展来看，我国北宋时的李诫（主管建筑的大臣）所著的《营造法式》一书，汇集了北宋以前建筑造价管理技术的精华。该书中的"料例"和"功限"，就是现在所说的"材料消耗定额"和"劳动消耗定额"。《营造法式》是人类采用定额进行工程造价管理最早的明文规定和文字记录之一。

现代工程造价源自资本主义社会化大生产的出现，最先是产生于现代工业发展最早的英国。16~18 世纪，技术发展促使大批工业厂房的兴建，许多农民在失去土地后向城市集中，需要大量住房，从而使建筑业得到发展，设计和施工逐步分离为独立的专业。工程数量增加和工程规模的扩大要求有专人对已完成工程量进行测量、计算工料和进行估价。从事这些工作的人员逐步专门化，并被称为工料测量师。他们以工匠小组的名义与工程委托人和建筑商洽商，估算和确定工程价款。工程造价由此产生。

工程造价是随着工程建设的发展和经济体制改革而产生并日臻完善的。这个发展过程可归纳如下：①从事后算账发展到事先算账。从最初只是事后被动地反映已完工程量的价格，逐步发展到在开工前进行工程量的事前计算和估价，进而发展到在初步设计时提出概算，在可行性研究时提出投资估算，成为业主做出投资决策的重要依据。②从被动地反映设计和施工发展到能动地影响设计和施工，最初负责施工阶段工程造价的确定和结算，以后逐步发展到在设计阶段、投资决策阶段对工程造价做出预测，并对设计和施工过程投资的支出进行监督和控制，进行工程建设全过程的造价控制和管理。③从依附于施工者或建筑师发展成一个独立的专业。如在英国，1868 年英国皇家特许测量师协会（Royal Institution of Charted Surveyors，RICS）成立，有统一的业务职称评定和职业守则，标志着工程造价专业正式诞生。不少高等院校也开设了工程造价专业，培养专门人才。

2.2.2　工程造价的含义及构成

1. 工程造价的含义

工程造价（Construction Cost）是指工程项目在建设期（预计或实际）支出的建设费用，是工程价值的具体货币表现，有工程投资（买价）和工程价格（成本）两种含义。第一种是指建设一项工程预期开支或实际开支的全部固定资产投资费用；第二种是指工程价格，即为建成一项工程，预计或实际在土地市场、设备市场、技术劳务市场、承包市场等交易活动中形成的建筑安装工程的价格和建设工程总价格。

工程造价的第一种含义是从投资者——业主的角度来定义的。投资者选定一个投资项目，为了获得预期的收益，就要通过项目评估进行决策，然后进行勘察设计、施工，直至竣工验收等一系列投资管理活动。在投资活动中所支付的全部费用形成了固定资产、无形资产和其他资产。所有这些投资费用就构成了工程造价。从这个意义上讲，工程造价就是建设工程固定资产总投资。

工程造价的第二种含义是从市场交易——承包商、供应商、设计者的角度来定义的。在市场经济条件下，工程造价以工程这种特定的商品作为交换对象，通过招标投标或其他发承包方式，在各方多次测算的基础上，最终由市场形成的价格。其交易的对象，可以是一个很大的建设项目，也可以是一个单项项目，甚至可以是整个建设工程中的某个阶段性工程，如土地开发工程、建筑装饰工程、安装工程等。通常，工程造价的第二种含义被认定为工程承发包价格。

工程承发包价格是一种重要且较为典型的工程造价形式，是在建筑市场通过发承包交易（多数为招标投标），被需求主体（投资者或建设单位）和供给主体（承包商）共同认可的交易价格。

工程造价的两种含义实质上是从不同角度把握同一事物的本质。对投资者而言，工程造价就是项目投资，是"购买"工程项目需支付的费用；同时，工程造价也是投资者作为市场供给主体"出售"工程项目时确定价格和衡量投资效益的尺度。

2. 工程造价的构成

从工程造价第一种含义的角度来看，工程造价包括工程建设项目从筹建到竣工验收交付使用所需的全部费用。我国现行的工程造价费用构成主要划分为建筑安装工程费、设备及工器具购置费、工程建设其他费用、预备费、建设期贷款利息、固定资产投资方向调节税（目前已停征），见表2-1。

表2-1 我国现行工程造价费用构成

费用构成		费用
固定资产投资（工程造价）	建筑安装工程费	1. 人工费 2. 材料费 3. 施工机具使用费 4. 企业管理费 5. 利润 6. 规费 7. 税金
	设备及工器具购置费	1. 设备购置费 2. 工器具、生产家具购置费
	工程建设其他费用	1. 土地使用费 2. 与项目建设有关的其他费用 3. 与未来企业生产经营有关的费用
	预备费	1. 基本预备费 2. 价差预备费
	建设期贷款利息	
	固定资产投资方向调节税	

（1）建筑安装工程费　建筑安装工程费，即建筑安装工程造价，是指各种建筑物、构筑物的建造及其各种设备的安装所需要的工程费用。建筑安装工程费按照费用构成要素划分为人工费、材料（包含工程设备）费、施工机具使用费、企业管理费、利润、规费和税金。

（2）设备及工器具购置费　设备及工器具购置费由设备购置费和工具、器具及生产家具购置费组成，它是固定资产投资中的积极部分。在生产性工程建设中，设备及工器具购置费用占工程造价比重的增大，意味着生产技术的进步和资本有机构成的提高。

（3）工程建设其他费用　工程建设其他费用是指从工程筹建起到工程竣工验收交付使用止的整个建设期间，除建筑安装工程费用、设备及工器具购置费用以外的，为保证工程建设顺利完成和交付使用后能够正常发挥效用而发生的各项费用。

工程建设其他费用，按其内容大体可分为以下3类：

1）土地使用费。由于工程项目建设必须占用一定的土地，因而必然要发生为获取建设用地而支付的费用。包括土地征用及拆迁补偿、临时安置补助费、土地使用权出让金与转让金等。

2）与工程项目建设有关的其他费用，包括建设单位管理费、勘察设计费、研究试验费、建设单位临时设施费、工程监理费、工程招标代理服务费、工程造价咨询服务费、工程保险费、引进技术和进口设备费用、工程承包费等。

3）与未来企业生产经营有关的费用，包括联合试运转费、生产准备费、办公和生活家具购置费等。

（4）预备费　预备费是指考虑建设期可能发生的风险因素而导致增加的建设费用，包括基本预备费和价差预备费。

1）基本预备费，是指针对在初步设计及概算内难以预料的支出而事先预留的工程费用，主要包括以下 3 方面：

① 在批准的初步设计范围内，技术设计、施工图设计及施工过程中所增加的工程费用；设计变更、局部地基处理等增加的费用。

② 应对一般自然灾害造成的损失和预防自然灾害所采取的措施所需费用。实行工程保险的工程项目，该费用应适当降低。

③ 竣工验收时为鉴定工程质量对隐蔽工程进行必要的挖掘和修复的费用。

2）价差预备费。价差预备费是指为建设项目在建设期内由于价格等变化引起工程造价的变化而预留的费用，包括人工、设备、材料和施工机械的价差费，建筑安装工程费及工程建设其他费用调整，利率、汇率调整等所增加的费用。

（5）建设期贷款利息　建设期贷款利息是指工程项目在建设期间发生并计入固定资产的利息，包括向国内银行和其他非银行金融机构贷款、出口信贷、外国政府贷款、国际商业银行贷款以及在境内外发行的债券等在建设期间应偿还的借款利息。根据我国现行规定，在建设项目的建设期内只计息不还款。

国外贷款利息的计算中，还应包括国外贷款银行根据贷款协议向贷款方以年利率的方式收取的手续费、管理费、承诺费，以及国内代理机构经国家主管部门批准的以年利率的方式向贷款单位收取的转贷费、担保费、管理费等。

（6）固定资产投资方向调节税　固定资产投资方向调节税是为了贯彻国家产业政策，控制投资规模，引导投资方向，调整投资结构，加强重点建设，促进国民经济持续、稳定、协调发展，而对在我国境内进行固定资产投资的单位和个人征收的税种，简称投资方向调节税。

根据《中华人民共和国固定资产投资方向调节税暂行条例》规定，其固定资产应税项目自 2000 年 1 月 1 日起发生的投资额，暂停征收固定资产投资方向调节税，但该税种并未取消。

2.2.3　工程造价的特点

1. 工程造价的大额性

能够发挥投资效益的任何一个建设项目或一个单项工程，不仅实物体型庞大，而且造价通常较高。动辄数百万、数千万、数亿、十几亿元人民币，特大型工程项目的造价可达百亿、千亿元人民币。工程造价的大额性使其关系到有关各方面的重大经济利益，同时也会对宏观经济产生重大影响。这就决定了工程造价的特殊地位，也说明了造价管理的重要意义。

2. 工程造价的个别性、差异性

任何一项工程都有特定的用途、功能、规模。因此，对每一项工程的结构、造型、空间分割、设备配置和内外装饰都有具体的要求，从而使工程内容和实物形态都具有个别性、差异性。建筑产品的差异性决定了工程造价的个别性、差异性。同时，每项工程所处地区、地段都不相同，使每项工程的造价也会有所区别，强化了工程造价的这一特点。

3. 工程造价的动态性

任何一项工程从决策到竣工交付使用，都有一个少则数月、多则数年的建设期，而且由于不可控因素的影响，在计划工期内存在众多影响工程造价的动态因素，如工程变更，设备、材料价格的涨跌，工资标准，以及费率、利率、汇率等的变化。这些变化必然会影响造价的变动。因此，工程造价在整个建设期处于不确定状态，直至竣工决算后才能最终确定工程的实际造价。

4. 工程造价的层次性

一个建设项目往往含有多个能够独立发挥设计效能的单项工程（如办公楼、车间、住宅楼等）。一个单项工程又是由能够各自发挥专业效能的多个单位工程（如土建工程、电气安装工程、给排水工程等）组成的。一个单位工程由多个分部工程组成，一个分部工程由多个分项工程组成。如此可见，建筑安装工程造价根据建设项目组成的不同，具有 5 个不同的层次。在同一层次中，又具有不同的形态与专业要求，需要不同专业的人员相互配合完成。以住宅单位工程为例，可划分为基础、主体结构、楼地面、内外装修、屋面等分部工程，还有给排水、消防、电气照明、电视、电话、供暖、通风、空调等工程。再比如住宅电梯安装，不仅有机械设备安装，还有电气设备安装、仪表安装及调试等工作内容。可见在工程造价中，构成内容和层次复杂，涉及建造人员较多，工程量和工程造价计算复杂，工程项目管理难度较大。

5. 工程造价的兼容性

工程造价的兼容性首先表现在它具有两种含义，其次表现在工程造价构成因素的广泛性和复杂性。在工程造价中，首先，成本因素非常复杂，涉及人工、材料、施工机械的类型较多，协同配合的广泛性几乎涉及社会的各个方面，其中为获得建设工程用地支出的费用、项目可行性研究和规划设计费用、与政府一定时期政策（特别是产业政策和税收政策）相关的费用占有相当的份额。其次，盈利的构成也较为复杂，资金成本较大。

2.2.4　工程造价的职能

工程造价的职能既是价格职能的反映，也是价格职能在工程领域的特殊表现。

工程造价的职能除一般商品价格职能以外，还有自己特殊的职能。

1. 预测职能

工程造价的大额性和动态性，使得无论是投资者还是承包商都要对拟建工程进行预先测算。投资者预先测算的工程造价不仅作为项目决策依据，同时也是筹集资金、控制造价的依据。承包商对工程造价的测算，既为投标决策提供依据，也为投标报价和成本管理提供依据。

2. 控制职能

工程造价的控制职能表现在两方面：一方面是它对投资的控制，即在投资的各个阶段，根据对造价的多次性预估，对造价进行全过程、多层次的控制。另一方面是对以承包商为代表的商品和劳务供应企业的成本控制。在价格一定的条件下，企业实际成本开支决定企业的盈利水平。成本越高，盈利越低，成本高于价格，就会导致亏损危及企业的生存。因此，企业要利用工程造价来控制成本，以工程造价提供的信息资料及指标作为控制成本的依据。

3. 评价职能

工程造价是评价总投资和分项投资合理性以及投资效益的主要依据之一。评价土地价格、建筑安装产品和设备价格的合理性时，就必须利用工程造价资料；在评价建设项目偿贷能力、获利能力和宏观效益时，也要依据工程造价。工程造价也是评价建筑安装企业管理水平和经营成果的重要依据。

4. 调节职能

工程建设直接关系到经济增长，也直接关系到国家重要资源分配和资金流向，对国计民生都有重大影响。因此，国家对建设规模、结构进行宏观调节是在任何条件下都不可缺少的，对政府投资项目进行直接调控和管理也是非常必要的。这些都要通过工程造价对工程建设中的物质消耗水平、建设规模、投资方向等进行调节。

工程造价职能实现的最主要的条件，是市场竞争机制的形成。在现代市场经济中，要求市场主体要有自身独立的经济利益，并能根据市场信息（特别是价格信息）来决定其经济行为。无论是购买者还是出售者，在市场上都处于平等竞争的地位，他们都不可能单独地影响市场价格，更没有能力单方面决定价格。作为买方的投资者和作为卖方的建筑安装企业，以及其他商品和劳务的提供者，在市场竞争中根据价格变动以及自己对市场走向的判断来调节自己的经济活动。也只有在这种条件下，价格才能实现它的基本职能和其他各项职能。因此，建立和完善市场机制，创造平等竞争的环境是前提。具体来说，投资者和建筑安装企业等商品和劳务的提供者首先是有独立的经济利益的市场主体，能够了解并适应市场信息的变化，能够做出正确的判断和决策。其次，要给建筑安装企业创造平等竞争的条件，使不同类型、不同所有制、不同规模、不同地区的企业，在同一项工程的投标竞争中处于同样平等的地位。为此，首先要规范建筑市场和市场主体的经济行为；再次，要建立完善的、灵敏的价格信息系统。

2.2.5　工程造价的作用

工程造价涉及国民经济各部门、各行业，涉及社会再生产的各个环节，也直接关系到人们的生活、居住条件，所以，它的作用范围广、影响程度大。其作用主要有以下几点：

1. 建设工程造价是项目决策的依据

建设工程投资大、生产和使用周期长等特点决定了项目决策的重要性。工程造价决定着项目的投资费用。投资者是否有足够的财务能力支付这笔费用，是否认为值得支付这笔费用，是项目决策中要考虑的主要问题。财务能力是一个独立的投资主体必须首先解决的问题。如果建设工程的价格超过投资者的支付能力，就会迫使他放弃拟建的项目；如果项目投资的效果达不到预期目标，他也会自动放弃拟建的项目。因此，在项目决策阶段，建设工程造价就成为项目财务分析和经济评价的重要依据。

2. 建设工程造价是制订投资计划和控制投资的依据

投资计划是按照建设工期、工程进度和建设工程价格等逐年分月制订的。正确的投资计划有助于合理和有效地使用资金。

工程造价在控制投资方面的作用非常明显。工程造价是通过多次性预估，最终通过竣工决算确定下来的。每一次预估的过程就是对造价的控制过程；而每一次估算都是对下一次估算造价的严格控制，具体讲，每一次估算都不能超过前一次估算的一定幅度。这种控制是在投资者财务能力的限度内为取得既定的投资效益所必须的。建设工程造价对投资的控制也表现在利用制定各类定额、标准和参数，对建设工程造价的计算依据进行控制。在市场经济利益风险机制的作用下，造价对投资的控制作用成为投资的内部约束机制。

3. 建设工程造价是筹集建设资金的依据

投资体制的改革和市场经济的建立，要求项目的投资者必须有很强的筹资能力，以保证工程建设有充足的资金供应。工程造价基本决定了建设资金的需要量，从而为筹集资金提供了比较准确的依据。当建设资金来源于金融机构的贷款时，金融机构在对项目的偿贷能力进行评估的基础上，也需要依据工程造价来确定给予投资者的贷款数额。

4. 工程造价是评价投资效果的重要指标

工程造价是一个多层次的造价体系。就一个工程项目来说，它既是建设项目的总造价，又包含单项工程的造价和单位工程的造价，同时也包含单位生产能力的造价，或 $1m^2$ 建筑面积的造价等。所有这些，使工程造价自身形成了一个指标体系。它能够为评价投资效果提供多种评价指标，并能够形成新的价格信息，为今后类似项目的投资提供参照系。

5. 建设工程造价是合理利益分配和调节产业结构的手段

工程造价的高低，涉及国民经济各部门和企业间的利益分配。在市场经济条件下，工程造价受供求状况的影响，并在围绕价值的波动中实现对建设规模、产业结构和利益分配的调节，特别是在政府正确的宏观调控和价格政策导向指导下，工程造价在这方面的作用会充分发挥出来。

2.2.6 工程造价的计价特征

1. 计价的单件性

基本建设项目按功能可划分为住宅建筑、公用建筑、工业建筑及基础设施 4 类，这些建筑产品在计价时必须单件性计价。即便属于同一类型的建筑，也会因各自建造过程中的时间、地点、施工企业、施工条件及施工环境的不同而不完全相同。因此，对于每个建设项目只能用单件性计价。

2. 计价的多次性

建设项目是按规定的基本建设程序建造的。基本建设程序的各个阶段都是由粗到细、由浅入深的渐进过程，要对应进行多次工程计价，形成各阶段的工程造价文件，以适应工程建设过程中各方经济关系的建立，保证工程造价计算的准确性和控制的有效性。多次性计价是一个逐步深化、逐步细化和逐步接近实际造价的过程，其计价过程如图 2-3 所示。

工程造价的编制泛指估算、概算、预算、招标控制价、报价、工程结算和竣工决算等造价文件的编审工作。

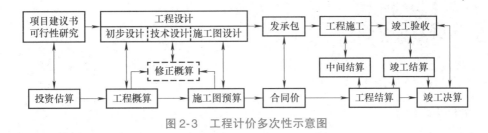

图 2-3　工程计价多次性示意图

注：竖向箭头表示对应关系，横向箭头表示多次计价流程及逐步深化过程

3. 计价的组合性

由于建设项目的组成复杂，且工程造价具有大额性，因此，在进行工程计价时，需要先将建设项目按其组成依次分解为单项工程、单位工程、分部工程和分项工程后，再逐级逆向组合汇总计价。也就是说，先由各分项工程造价组合汇总得到各分部工程造价，分项工程是工程计价的最小单元；再由各分部工程造价组合汇总形成各单位工程造价，单位工程是工程计价的基本对象，每一个单位工程都应编制独立的工程造价文件；然后由各单位工程造价组合汇总形成各单项工程造价；最后由各单项工程造价组合汇总形成建设项目造价。

4. 计价方法的多样性

由于基本建设程序的各个阶段对于工程造价文件的内容和精确性的要求不同，因此，工程计价的依据和方法也各不相同。以建设项目投资决策阶段为例，在项目建议书阶段和可行性研究阶段，尽管要编制的工程造价文件均为投资估算，但是由于编制的要求不同，对项目建议书中的投资估算可采用生产能力指数法等简单的估算法，依据类似已建项目的生产规模及造价来确定；而对于详细可行性研究阶段的投资估算则必须采用精确度比较高的指标估算法，依据投资估算指标进行计价。

5. 计价依据的复杂性

由于影响造价的因素较多，计价定额及规范复杂，种类繁多。计价依据主要可分为以下7类：

1）计算设备和工程量的依据，包括项目建议书、可行性研究报告、设计文件、工程量计算规范等。

2）计算人工、材料、机械等实物消耗量的依据，包括投资估算指标、概算定额、预算定额、实物量消耗指标等。

3）计算工程单价的价格依据，包括人工单价、材料价格、材料运杂费、机械台班费等信息价及市场价。

4）计算设备单价的依据，包括设备原价、设备运杂费、进口设备关税等。

5）计算措施费、规费、税金和工程建设其他费用的依据，主要是相关的费用定额和指标。

6）政府规定的税、费。

7）物价指数和工程造价指数。

依据的复杂性不仅使计算过程变得复杂，而且要求计价人员熟悉各类依据并能够正确应用。

2.3 工程造价管理

2.3.1 工程造价管理的基本内涵

1. 工程造价管理

工程造价管理（Cost Management）是指综合运用管理学、经济学和工程技术等方面的知识和技能，对工程造价进行预测、计划、控制、核算、分析和评价等的过程。

工程造价有两种含义，因此工程造价管理也有两种含义：一是建设工程投资费用管理，二是工程价格管理。

建设工程投资费用管理属于投资管理范畴。更明确地说，它属于工程建设投资管理范畴，是为了实现一定的目标而进行的计划、预测、组织、指挥、监控等系统活动。工程建设投资管理，就是为了达到预期的效果（效益），对建设工程的投资行为进行计划、预测、组织、指挥和监控等系统活动。但是，工程造价第一种含义的管理侧重于投资费用的管理，而不侧重于工程建设的技术方面。因此，建设工程投资费用管理是指为了实现投资的预期目标，在拟定的规划、设计方案的条件下，预测、计算、确定和监控工程造价及其变动的系统活动。它既涵盖了微观层次的项目投资费用的管理，也涵盖了宏观层次的投资费用的管理。

工程造价第二种含义的管理即工程价格管理，属于价格管理范畴。在社会主义市场经济条件下，价格管理分为两个层次：①在微观层次上，是生产企业在掌握市场价格信息的基础上，为实现管理目标而进行的成本控制、计价、定价和竞价的系统活动。它反映了微观主体按支配价格运动的经济规律，对商品价格进行能动的计划、预测、监控和调整，并接受价格对生产的调节。②在宏观层次上，是政府根据社会经济发展的要求，利用法律手段、经济手段和行政手段对价格进行管理和调控，以及通过市场管理规范市场主体价格行为的系统活动。工程建设关系国计民生，同时政府投资的公共、公益性项目在今后仍然会占有相当份额。因此，国家对工程造价的管理，不仅承担一般商品价格的调控职能，而且在政府投资项目上也承担着微观主体的管理职能。这种双重角色的双重管理职能，是工程造价管理的一大特色。区分两种管理职能，进而制定不同的管理目标，采用不同的管理方法是必然的发展趋势。

工程造价管理的两种含义既共生于一个统一体，又相互区别。最主要的区别在于需求主体和供给主体在市场追求的经济利益不同，因而管理的性质和管理的目标不同。从管理性质上讲，前者属于投资管理范畴，后者属于价格管理范畴。从管理目标上讲，作为项目投资或投资费用，投资者关注的是降低工程造价，希望以最小的投入获取最大的经济效益。因此，完善项目功能、提高工程质量、降低投资费用、按期交付使用，是投资者始终追求的目标。作为工程价格，承包商所关注的是利润。因此，他们追求的是较高的工程造价。不同的管理目标反映不同的经济利益，但他们之间的矛盾正是市场的竞争机制和利益风险机制的必然反映。正确理解工程造价管理的两种含义，不断发展和完善工程造价的管理内容，有助于更好地实现不同的管理目标，提高工程造价的管理水平，从而有利于推动经济的全面增长。

2. 建设工程全面造价管理

按照国际造价工程联合会（International Cost Engineering Council，ICEC）给出的定义，全面造价管理（Total Cost Management，TCM）是指有效地利用专业知识与技术，对资源、成本、盈利和风险进行筹划和控制。建设工程全面造价管理包括全寿命期造价管理、全过程造价管理、全要素造价管理和全方位造价管理。

（1）全寿命期造价管理　建设工程全寿命期造价是指建设工程初始建造成本和建成后的日常使用成本之和，包括策划决策、建设实施、运行维护及拆除回收等各阶段费用。由于在建设工程全寿命期的不同阶段中，工程造价存在诸多不确定性，因此，全寿命期造价管理主要是作为一种实现建设工程全寿命期造价最小化的指导思想，指导建设工程投资决策及实施方案的选择。

（2）全过程造价管理　全过程造价管理是指覆盖建设工程策划决策及建设实施各阶段的造价管理。包括：策划决策阶段的项目策划、投资估算、项目经济评价、项目融资方案分析，设计阶段的限额设计、方案比选、概预算编制，招投标阶段的标段划分、发承包模式及合同形式的选择、招标控制价编制，施工阶段的工程计量与结算、工程变更控制、索赔管理，竣工验收阶段的结算与决算，等等。

（3）全要素造价管理　影响建设工程造价的因素有很多。为此，控制建设工程造价不仅是控制建设工程本身的建造成本，还应同时考虑工期成本、质量成本、安全与环境成本的控制，从而实现工程成本、工期、质量、安全、环保的集成管理。全要素造价管理的核心是按照优先性原则，协调和平衡工期、质量、安全、环保与成本之间的对立统一关系。

（4）全方位造价管理　建设工程造价管理不仅仅是建设单位或承包单位的任务，也是政府建设主管部门、行业协会、建设单位、设计单位、施工单位以及有关咨询机构的共同任务。尽管各方的地位、利益、角度等有所不同，但必须建立完善的协同工作机制，才能实现对建设工程造价的有效控制。

2.3.2　工程造价管理的基本内容

1. 工程造价管理的目标和任务

工程造价管理的目标是按照经济规律的要求，根据社会主义市场经济的发展形势，利用科学管理方法和先进管理手段，合理地确定造价和有效地控制造价，以提高投资效益和建筑安装企业的经营效果。

工程造价管理的任务是：加强工程造价的全过程动态管理，强化工程造价的约束机制，维护有关各方的经济利益，规范价格行为，促进微观效益和宏观效益的统一。

2. 工程造价管理的基本内容

工程造价管理的基本内容就是合理确定和有效控制工程造价。

（1）工程造价的合理确定

1）工程项目策划阶段。基于不同的投资方案进行投资估算及经济评价，按照有关规定编制和审核的最终方案的投资估算，经有关部门批准，即可作为拟建工程项目的控制造价。

2）工程设计阶段。在限额设计、优化设计方案的基础上编制和审核工程概算、施工图预算。对于政府投资工程而言，经有关部门批准的工程概算，将作为拟建工程项目造价的最高限额。

3）工程发承包阶段。进行招采策划，编制和审核工程量清单、招标控制价或标底，直至确定承包合同价。承包合同价是以经济合同形式确定的建安工程造价。承发包双方应严格履行合同，使造价控制在承包合同以内。

4）工程施工阶段。按照承包方实际完成的工程量，以合同价为基础，同时考虑因物价风险引起的造价调整，考虑设计中难以预料的而在实施阶段实际发生的工程变更和费用，合理确认工程结算价。

5）工程竣工验收阶段。全面汇总在工程建设过程中实际花费的费用，编制竣工决算，如实体现该建设工程的实际造价。

（2）工程造价的有效控制　在建设过程的各个阶段，采用一定的方法和措施把工程造价的发生控制在合理的范围和核定的造价限额以内，即为工程造价控制。工程造价控制需要随时纠正发生的偏差，以保证造价控制目标的实现，以求在建设项目中合理使用人力、物力和财力，取得较好的投资效益。具体就是用投资估算价控制设计方案的选择和初步设计概算造价，用概算造价控制技术设计和修正概算造价，用概算造价或修正概算造价控制施工图设计和施工图预算。

1）以设计阶段为重点的建设全过程造价控制。工程造价控制应贯穿于项目建设的全过程，但是各阶段工作对造价的影响程度是不同的。对工程造价影响最大的阶段是投资决策和设计阶段，在做出项目投资决策后，控制工程造价的关键在设计阶段。有资料显示，至初步设计结束，阶段工作影响工程造价的程度从 95% 下降到 75%；至技术设计结束，阶段工作影响工程造价的程度从 75% 下降到 35%；施工图设计阶段，影响工程造价的程度从 35% 下降到 10%；而至施工开始，通过技术组织措施节约工程造价的可能性只有 5% ~ 10%。因此，在设计阶段，需要通过多方案的技术经济比较及限额设计能动地影响设计，有效地控制造价。

2）主动控制。传统决策理论是建立在绝对的逻辑基础上的一种封闭式决策模型，它把人看作具有绝对理性的"理性的人"或"经济人"，在决策时，会本能地遵循最优化原则（即取影响目标的各种因素的最有利的值）来选择实施方案。而以美国经济学家西蒙首创的现代决策理论的核心则是"令人满意"准则。他认为，由于人的头脑能够思考和解答问题的容量同问题本身规模相比是渺小的，因此在现实世界里，要采取客观合理的举动，哪怕接近客观合理性，也是很困难的。因此，对决策人来说，最优化决策几乎是不可能的。西蒙提出了用"令人满意"这个词来代替"最优比"，他认为决策人在决策时，可先对各种客观因素、执行人据以采取的可能行动以及这些行动的可能后果加以综合研究，并确定一套切合实际的衡量准则。如某一可行方案符合这种衡量准则，并能达到预期的目标，则这一方案便是满意的方案，可以采纳；否则应对原衡量准则做适当的修改，继续挑选。

一般说来，造价工程师的基本任务是合理确定并采取有效措施控制建设工程造价，为此，应根据业主的要求及建设的客观条件进行综合研究，实事求是地确定一套切合实际的衡量准则。只要造价控制的方案符合这套衡量准则，取得令人满意的结果，则应该说造价控制达到了预期的目标。

长期以来，人们一直把控制理解为目标值与实际值的比较，以及当实际值偏离目标值时，分析其产生偏差的原因，并确定下一步的对策。这种立足于调查—分析—决策基础之上的偏离—纠偏—再偏离—再纠偏的控制方法，只能发现偏离，不能使已产生的偏离消失，也不能预防可能发生的偏离，因此，只能说是被动控制。自 20 世纪 70 年代初开始，人们将系统论和控制论研究成果用于项目管理后，将"控制"立足于事先主动地采取决策措施，以尽可能地减少以至避免目标值与实际值的偏离，这是主动的、积极的控制方法，因此被称为主动控制。工程造价控制，不仅要反映投资决策，反映设计、发包和施工，更要能动地影响投资决策，影响设计、发包和施工，主动地控制工程造价。

3）技术与经济相结合。技术与经济相结合是控制工程造价最有效的手段。需要以提高工程造价效益为目的，在工程建设过程中把技术与经济有机结合，通过技术比较、经济分析和效果评价，正确处理技术先进与经济合理两者之间的对立统一关系，力求在技术先进条件下的经济合理，在经济合理基础上的技术先进，把控制工程造价观念渗透到各项设计和施工技术措施中，从组织、技术、经济等多方面采取措施。从组织上采取的措施，包括明确项目组织结构，明确造价控制者及其任务，明确管理职能分工；从技术上采取措施，包括重视设计多方案选择，严格审查监督初步设计、技术设计、施工图设计、施工组织设计，深入技术领域研究节约投资的可能；从经济上采取措施，包括动态比较造价的计划值和实际值，严格审核各项费用支出，采取对节约投资的有力奖励措施等。

4）区分不同投资主体的工程造价控制。造价管理必须适应投资主体多元化的要求，根据政府投资项目和企业投资项目的特点，推行不同的造价管理模式。

① 政府投资项目。政府投资主要用于关系国家安全和市场不能有效配置资源的经济和社会领域。对于政府投资项目，需要按照工程项目建设程序的要求，在程序、时限等方面进行投资管理行为的规范，计量计价依据、造价信息及合同约定需要遵循现行的国家标准。

② 企业投资项目。项目的市场前景、经济效益、资金来源和产品技术方案等均由企业自主决策。在造价确定、发承包方式、合同约定等方面充分发挥市场在资源配置中的决定性作用。

2.3.3　工程造价管理的组织系统

工程造价管理的组织系统指履行过程造价管理职能的有机群体。为实现过程造价管理目标而展开有效的组织活动，我国设置了多部门、多层次的工程造价管理机构，并规定了各机构的管理权限和职责范围。

1. 政府行政管理系统

政府行政管理系统指政府对社会经济活动进行宏观指导，目的是保证社会经济健康、有序和持续发展。

我国已经进入增速放缓、经济结构优化、追求发展质量的新时期，在当前和今后一段时间，为保证国民经济发展的持续性及平稳性，必须充分发挥政府在投资建设，特别是基础设施和公益项目建设方面的作用，以法规和行政授权来支撑工程造价管理的法规体系和工程造价管理的标准体系，将过去以红头文件形式发布的规定、方法、规则等以法规和标准的形式加以表现，打造具有中国特色的政府行政管理系统。

同时，坚持工程造价管理市场化改革方向，在工程发承包计价环节探索引入竞争机制，正确处理政府与市场的关系，通过改进工程计量和计价规则、完善工程计价依据发布机制、加强工程造价数据积累、强化建设单位造价管控责任、严格施工合同履约管理等措施，推行清单计量、市场询价、自主报价、竞争定价的工程计价方式，进一步完善工程造价市场形成机制，促进建筑业转型升级。

政府行政管理系统具体由三大机构进行管理分工：国务院建设行政主管部门的工程造价管理机构，国务院其他部门的工程造价管理机构，省、自治区、直辖市的工程造价管理机构。

（1）国务院建设行政主管部门的工程造价管理机构　国务院建设行政主管部门的工程造价管理机构的主要职责包括：

组织制定工程造价管理有关法规、制度并组织贯彻实施。国务院建设行政主管部门根据法律、行政法规的规定，在本部门权限范围内制定和发布调整本部门范围内行政管理关系的命令、指示和规章等，如建设部发布的《工程造价咨询企业管理办法》（部令第 149 号）等。

组织制定全国统一经济定额和制定、修订本部门经济定额。

监督指导全国统一经济定额和本部门经济定额的实施。

制定工程造价咨询企业的资质标准并监督执行，制定工程造价管理专业技术人员执业资格标准。

负责全国工程造价咨询企业资质管理工作，审定全国甲级工程造价咨询企业的资质。

（2）国务院其他部门的工程造价管理机构　国务院其他部门的工程造价管理机构包括水利、水电、铁路、公路等其他行业的造价管理机构。这些造价管理机构主要负责本行业的大型、重点建设项目的概算审批工作，并负责编制、修改、解释其所在行业的建设工程的标准定额。

（3）省、自治区、直辖市的工程造价管理机构　省、自治区、直辖市的工程造价管理机构的主要负责解释工程造价从业者关于当地定额标准和计价制度方面的问题，审核国家投资的工程项目招标控制价，处理各种工程造价纠纷及合同纠纷。

除了以上职责外，政府主管部门还应加强项目建设实施全过程监管，大力推行项目管理"四制"，即项目法人责任制、招标投标制、工程监理制、合同管理制，形成工程造价全生命周期的政府行政管理系统。

2. 企事业单位管理系统

企事业单位对于工程造价的管理贯穿工程实施的每一个阶段，是在建设工程项目全生命周期的每个阶段中进行管理。

工程发包企业在决策阶段的管理重点是对投资建设的必要性和可行性进行分析论证，并做出科学的决策，这个阶段的投入虽然少，但对项目效益影响大，前期决策的失误会导致重大的损失。设计阶段是战略决策的具体化，它在很大程度上决定了项目实施的成败及能否高效率地达到预期目标。在施工阶段，进行工程造价的动态管理，在规定的工期、质量要求及费用范围内，按设计要求高效率地实现项目目标。在试运行与竣工验收阶段要注意各种调价因素的发生和工程价款的结算，避免收益的流失，以促进企业盈利目标的实现。

工程承包单位的造价管理是企业管理的重要内容。工程承包单位设有专门的职能机构参与企业投标决策，并通过对市场调查研究，利用过去积累的经验，研究报价策略，提出报价；在施工过程中，进行工程造价的动态管理，注意各种调价因素的发生，及时进行工程价款结算，避免收益的流失，以促进企业盈利目标的实现。

监理企业、造价咨询企业受发包企业的委托，对设计和施工单位在承包活动中的行为和责权利进行必要的协调与约束，对建设项目进行投资管理、进度管理、质量管理、信息管理与组织协调，共同组成企事业单位的管理系统。

3. 行业协会管理系统

行业协会分为全国性造价管理协会与地方性造价管理协会，是由工程造价咨询企业、注册造价工程师、工程造价管理单位以及与工程造价相关的建设、设计、施工等领域的资深专家、学者自愿结成的行业性社会团体，是非营利性社会组织。行业协会管理系统就是行业协会为了提高工程造价管理水平而进行的一系列管理活动形成的系统。

中国建设工程造价管理协会（简称"中价协"，英文名称为 China Cost Engineering Association，CCEA）是经住建部和民政部批准成立、代表我国建设工程造价管理的全国性行业协会，是亚太区工料测量师协会（The Pacific Association of Quantity Surveyors，PAQS）和国际造价工程联合会（International Cost Engineering Council，ICEC）等相关国际组织的正式成员。

为了加强对各地工程造价咨询工作和造价工程师的行业管理，近年来先后成立了各省、自治区、直辖市所属的地方工程造价管理协会。全国性造价管理协会与地方造价管理协会是平等、协商、相互支持的关系，地方协会接受全国性协会的业务指导，共同促进全国工程造价行业管理水平的整体提升。

2.4　造价工程师管理制度

2.4.1　造价工程师的定义

造价工程师是指通过职业资格考试取得中华人民共和国造价工程师职业资格证书，并经注册后从事建设工程造价工作的专业技术人员。根据《造价工程师职业资格制度规定》，国家设置造价工程师准入类职业资格，纳入国家职业资格目录。工程造价咨询企业应配备造价工程师，工程建设活动中有关工程造价管理岗位按需要配备造价工程师。造价工程师分为一级造价工程师和二级造价工程师。一级造价工程师英文译为 Class1 Cost Engineer，二级造价工程师英文译为 Class2 Cost Engineer。

1. 造价工程师的素质要求

造价工程师的工作关系到国家和社会公众利益，技术性很强，因此对造价工程师的素质有特殊要求。造价工程师的素质包括以下 3 个方面：

（1）思想品德方面的素质　造价工程师在职业工作中，往往要接触许多工程项目，这些项目的工程造价高达数千万、数亿元人民币，甚至数百亿、上千亿元人民币。造价确定是否准确、造价控制是否合理，不仅关系到国力，关系到国民经济发展的速度和规模，而且关系到多方面的经济利益关系。这就要求造价工程师具有良好的思想修养和职业道德，既能维护国家利益，又能以公正的态度维护有关各方合理的经济利益，绝不能以权谋私。

（2）专业方面的素质　专业方面的素质集中表现在以专业知识和技能为基础的工程造价管理方面的实际工作能力。造价工程师应掌握和了解的专业知识主要包括：

1）相关的经济理论。

2）项目投资、融资管理及策划。

3）建筑经济与企业管理。

4）财政税收与金融实务。

5）市场与价格。

6）招投标与合同管理。

7）工程造价管理。

8）工作方法与动作研究。

9）综合工业技术与建筑技术。

10）建筑制图与识图。

11）施工技术与施工组织。

12）相关法律、法规和政策。

13）计算机应用和信息管理。

14）现行各类计价依据（规范、定额等）。

（3）身体方面的素质 造价工程师要有健康的身体，以适应紧张而繁忙的工作。同时，应具有肯于钻研和积极进取的精神面貌。

以上各项素质，只是造价工程师工作能力的基础。造价工程师在实际岗位上应能独立完成建设方案、设计方案的经济比较工作，项目可行性研究的投资估算、设计概算、施工图预算、招标控制价和投标的报价、补充定额和造价指数等编制与管理工作，合同价结算和竣工决算的管理；对造价变动规律和趋势应具有分析和预测能力。

2. 造价工程师的技能结构

造价工程师是建设领域工程造价的管理者，其职业工作范围和担负的重要任务，要求造价工程师必须具备现代管理人员的技能结构。

按照行为科学的观点，管理人员应具有 3 种技能，即技术技能、人文技能和观念技能。技术技能是指能使用经验、教育及训练的知识、方法、技能及设备，来完成特定任务的能力。人文技能是指与人共事的能力和判断力。观念技能是指了解整个组织及自己在组织中地位的能力，使自己不仅能按本身所属的群体目标行事，而且能按整个组织的目标行事。但是，不同层次的管理人员所需的三种技能的结构并不相同。造价工程师应同时具备这三种技能，特别是观念技能和技术技能；但也不能忽视人文技能，不能忽视与人共事能力的培养，不能忽视激励的作用。

3. 造价工程师的教育和培养

造价工程师的教育和培养是达到其素质和技能要求的基本途径之一，教育方式主要有两类：一是普通高校和高等职业技术学校的系统教育，也称为职前教育；二是专业继续教育，也称为职后教育。

职前（就业前）的学校正规教育，要求在一些学校设置专业，预先使学生获得专业基础知识和基本技能。从长远来看，建立一支稳定的、结构合理的专业队伍是十分必要的。

职后的专业继续教育属于成人教育。它是一种重要的专业培训方式。这种方式的优点是：具有极大的灵活性；培训时间可长可短；可以选择专业教育内容；可以全脱产学习也可以不脱产或半脱产学习；学员多有一定实际经验，因此通常培训效果较好。

此外，《造价工程师职业资格制度规定》要求造价工程师必须不断地接受继续教育，并在实际工作中不断总结经验，积累资料，收集信息，以持续提高专业能力和技巧，适应市场经济条件下造价管理工作的需要。

2.4.2　造价工程师的考试

《注册造价工程师管理办法》《造价工程师继续教育实施办法》《造价工程师职业道德行为准则》等文件的陆续颁布与实施，确立了我国造价工程师职业资格制度体系框架。我国造价工程师职业资格制度如图 2-4 所示。

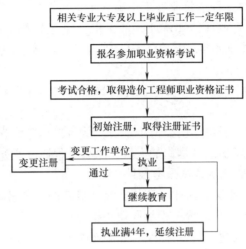

图 2-4　我国造价工程师职业资格制度简图

一级造价工程师职业资格考试全国统一大纲、统一命题、统一组织。从 1997 年试点考试至今，每年均举行一次全国造价工程师执业资格考试（除 1999 年停考外）。自 2018 年起设立二级造价工程师。二级造价工程师职业资格考试全国统一大纲，各省、自治区、直辖市自主命题并组织实施。

一级和二级造价工程师职业资格考试均设置基础科目和专业科目。

住房和城乡建设部组织拟定一级造价工程师和二级造价工程师职业资格考试基础科目的考试大纲，组织一级造价工程师基础科目命审题工作。

住房和城乡建设部、交通运输部、水利部按照职责分别负责拟定一级造价工程师和二级造价工程师职业资格考试专业科目的考试大纲，组织一级造价工程师专业科目命审题工作。

人力资源社会保障部负责审定一级造价工程师和二级造价工程师职业资格考试科目和考试大纲，负责一级造价工程师职业资格考试考务工作，并会同住房和城乡建设部、交通运输部、水利部对造价工程师职业资格考试工作进行指导、监督、检查。

各省、自治区、直辖市住房和城乡建设、交通运输、水利行政主管部门会同人力资源社会保障行政主管部门，按照全国统一的考试大纲和相关规定组织实施二级造价工程师职业资格考试。

人力资源社会保障部会同住房和城乡建设部、交通运输部、水利部确定一级造价工程师职业资格考试合格标准。

各省、自治区、直辖市人力资源社会保障行政主管部门会同住房和城乡建设、交通运输、水利行政主管部门确定二级造价工程师职业资格考试合格标准。

1. 一级造价工程师职业资格考试报考条件

凡遵守中华人民共和国宪法、法律、法规，具有良好的业务素质和道德品行，具备下列条件之一者，可以申请参加一级造价工程师职业资格考试：

1）具有工程造价专业大学专科（或高等职业教育）学历，从事工程造价业务工作满5年；具有土木建筑、水利、装备制造、交通运输、电子信息、财经商贸大类大学专科（或高等职业教育）学历，从事工程造价业务工作满6年。

2）具有通过工程教育专业评估（认证）的工程管理、工程造价专业大学本科学历或学位，从事工程造价业务工作满4年；具有工学、管理学、经济学门类大学本科学历或学位，从事工程造价业务工作满5年。

3）具有工学、管理学、经济学门类硕士学位或者第二学士学位，从事工程造价业务工作满3年。

4）具有工学、管理学、经济学门类博士学位，从事工程造价业务工作满1年。

5）具有其他专业相应学历或者学位的人员，从事工程造价业务工作年限相应增加1年。

2. 二级造价工程师职业资格考试报考条件

凡遵守中华人民共和国宪法、法律、法规，具有良好的业务素质和道德品行，具备下列条件之一者，可以申请参加二级造价工程师职业资格考试：

1）具有工程造价专业大学专科（或高等职业教育）学历，从事工程造价业务工作满2年；具有土木建筑、水利、装备制造、交通运输、电子信息、财经商贸大类大学专科（或高等职业教育）学历，从事工程造价业务工作满3年。

2）具有工程管理、工程造价专业大学本科及以上学历或学位，从事工程造价业务工作满1年；具有工学、管理学、经济学门类大学本科及以上学历或学位，从事工程造价业务工作满2年。

3）具有其他专业相应学历或学位的人员，从事工程造价业务工作年限相应增加1年。

一级造价工程师职业资格考试合格者，由各省、自治区、直辖市人力资源社会保障行政主管部门颁发中华人民共和国一级造价工程师职业资格证书。该证书由人力资源社会保障部统一印制，住房城乡建设部、交通运输部、水利部按专业类别分别与人力资源社会保障部用印，在全国范围内有效。

二级造价工程师职业资格考试合格者，由各省、自治区、直辖市人力资源社会保障行政主管部门颁发中华人民共和国二级造价工程师职业资格证书。该证书由各省、自治区、直辖市住房和城乡建设、交通运输、水利行政主管部门按专业类别分别与人力资源社会保障行政主管部门用印，原则上在所在行政区域内有效。各地可根据实际情况制定跨区域认可办法。

3. 考试科目

一级造价工程师职业资格考试每年一次。二级造价工程师职业资格考试每年不少于一次，具体考试日期由各地确定。

一级造价工程师职业资格考试设《建设工程造价管理》《建设工程计价》《建设工程技术与计量》《建设工程造价案例分析》4个科目。其中，《建设工程造价管理》和《建设工程计价》为基础科目，《建设工程技术与计量》和《建设工程造价案例分析》为专业科目。

　　二级造价工程师职业资格考试设《建设工程造价管理基础知识》《建设工程计量与计价实务》2 个科目。其中，《建设工程造价管理基础知识》为基础科目，《建设工程计量与计价实务》为专业科目。

　　造价工程师职业资格考试专业科目分为土木建筑工程、交通运输工程、水利工程和安装工程 4 个专业类别，考生在报名时可根据实际工作需要选择其一。其中，土木建筑工程、安装工程专业由住房城乡建设部负责；交通运输工程专业由交通运输部负责；水利工程专业由水利部负责。

　　一级造价工程师职业资格考试分 4 个半天进行。《建设工程造价管理》《建设工程技术与计量》《建设工程计价》科目的考试时间均为 2.5 小时；《建设工程造价案例分析》科目的考试时间为 4 小时。

　　二级造价工程师职业资格考试分 2 个半天。《建设工程造价管理基础知识》科目的考试时间为 2.5 小时，《建设工程计量与计价实务》为 3 小时。

　　一级造价工程师职业资格考试成绩实行 4 年为一个周期的滚动管理办法，在连续的 4 个考试年度内通过全部考试科目，方可取得一级造价工程师职业资格证书。

　　二级造价工程师职业资格考试成绩实行 2 年为一个周期的滚动管理办法，参加全部 2 个科目考试的人员必须在连续的 2 个考试年度内通过全部科目，方可取得二级造价工程师职业资格证书。

　　已取得造价工程师一种专业职业资格证书的人员，报名参加其他专业科目考试的，可免考基础科目。考试合格后，核发人力资源社会保障部门统一印制的相应专业考试合格证明。该证明作为注册时增加执业专业类别的依据。

　　具有以下条件之一的，参加一级造价工程师考试可免考基础科目：

　　1）已取得公路工程造价人员资格证书（甲级）。

　　2）已取得水运工程造价工程师资格证书。

　　3）已取得水利工程造价工程师资格证书。

　　申请免考部分科目的人员在报名时应提供相应材料。

　　具有以下条件之一的，参加二级造价工程师考试可免考基础科目：

　　1）已取得全国建设工程造价员资格证书。

　　2）已取得公路工程造价人员资格证书（乙级）。

　　3）具有经专业教育评估（认证）的工程管理、工程造价专业学士学位的大学本科毕业生。

2.4.3　造价工程师的注册

　　国家对造价工程师职业资格实行执业注册管理制度。取得造价工程师职业资格证书且从事工程造价相关工作的人员，经注册方可以造价工程师名义执业。

　　住房和城乡建设部、交通运输部、水利部按照职责分工，制定相应注册造价工程师管理办法并监督执行。

　　住房和城乡建设部、交通运输部、水利部分别负责一级造价工程师注册及相关工作。各省、自治区、直辖市住房和城乡建设、交通运输、水利行政主管部门按专业类别分别负责二级造价工程师注册及相关工作。

住房和城乡建设部、交通运输部、水利部核发《中华人民共和国一级造价工程师注册证》（或电子证书）；各省、自治区、直辖市住房和城乡建设、交通运输、水利行政主管部门核发《中华人民共和国二级造价工程师注册证》（或电子证书）。

造价工程师执业时应持注册证书和执业印章。注册证书、执业印章样式以及注册证书编号规则由住房和城乡建设部会同交通运输部、水利部统一制定。执业印章由注册造价工程师按照统一规定自行制作。

住房和城乡建设部、交通运输部、水利部按照职责分工建立造价工程师注册管理信息平台，保持通用数据标准统一。住房和城乡建设部负责归集全国造价工程师注册信息，促进造价工程师注册、执业和信用信息互通共享。

住房和城乡建设部、交通运输部、水利部负责建立完善造价工程师的注册和退出机制，对以不正当手段取得注册证书等违法违规行为，依照注册管理的有关规定撤销其注册证书。

2.4.4　造价工程师的执业

1996 年 8 月，人事部、建设部联合发布了《造价工程师执业资格制度暂行规定》，明确我国在工程造价领域实施造价工程师执业资格制度。1996 年 11 月，建设部和人事部联合发布了《造价工程师执业资格认定办法》。为了加强对造价工程师的注册管理，规范造价工程师的执业行为，2000 年 3 月建设部颁布了第 75 号令《造价工程师注册管理办法》，2002 年 7 月建设部制定了《造价工程师注册管理办法的实施意见》。2006 年 12 月建设部颁布了《注册造价工程师管理办法》（建设部令第 150 号），并于 2007 年 3 月 1 日起施行。该管理办法增加了造价工程师的行业自律管理，并修订了一些关于注册、管理的具体规定。至此，我国的造价工程师执业资格制度逐步完善。

2018 年 7 月 20 日，住房和城乡建设部、交通运输部、水利部、人力资源和社会保障部联合制定了《造价工程师职业资格制度规定》和《造价工程师职业资格考试实施办法》，设置造价工程师准入类职业资格，纳入国家职业资格目录。专业技术人员取得一级造价工程师、二级造价工程师职业资格，可认定其具备工程师、助理工程师职称，并可作为申报高一级职称的条件。

造价工程师不得同时受聘于两个或两个以上单位执业，不得允许他人以本人名义执业，严禁"证书挂靠"。

一级造价工程师的执业范围包括建设项目全过程的工程造价管理与咨询等，具体工作内容：

1）项目建议书、可行性研究投资估算与审核，项目评价造价分析。

2）建设工程设计概算、施工预算编制和审核。

3）建设工程招标投标文件工程量和造价的编制与审核。

4）建设工程合同价款、结算价款、竣工决算价款的编制与管理。

5）建设工程审计、仲裁、诉讼、保险中的造价鉴定，工程造价纠纷调解。

6）建设工程计价依据、造价指标的编制与管理。

7）与工程造价管理有关的其他事项。

二级造价工程师主要协助一级造价工程师开展相关工作，可独立开展以下具体工作：

1）建设工程工料分析、计划、组织与成本管理，施工图预算、设计概算编制。

2）建设工程量清单、最高投标限价、投标报价编制。

3）建设工程合同价款、结算价款和竣工决算价款的编制。

造价工程师应在本人工程造价咨询成果文件上签章，并承担相应责任。工程造价咨询成果文件应由一级注册造价工程师审核并加盖执业印章和单位公章。由注册造价工程师签字的工程造价成果文件，应当作为办理审批、报建、拨付工程价款和工程结算的依据。

与英国的工料测量师不同的是，我国内地的注册造价工程师对过程的结算与支付没有个人签字权利，个人的执业范围要受其工作单位的资质等级的限制。

2.5 国内外工程造价管理

2.5.1 发达国家和地区的工程造价管理

当今，国际工程造价管理有几种主要模式，主要包括：英国模式、美国模式、日本模式，以及继承了英国模式，又结合自身特点而形成独特工程造价管理模式的国家和地区，如新加坡等。

1. 英国工程造价管理

英国是世界上最早出现工程造价咨询行业并成立相关行业协会的国家。英国的工程造价管理至今已有近400年的历史。在世界近代工程造价管理的发展史上，英国由于其工程造价管理发展较早，且其联邦成员国和地区分布较广，因而其工程造价管理模式在世界范围内具有较强的影响力。

英国建设主管部门的工作重点是制定有关政策和法律，以全面规范工程造价咨询行为。此外，主要有3个造价相关的组织协助政府部门进行行业管理。

历史最为悠久的皇家特许测量师学会（Royal Institution of Chartered Surveyors，RICS），负责建筑工程标准计算规则（SMM）。

特许土木工程测量师学会（Chartered Institution of Civil Engineering Surveyors，CICES）的商务管理组，与土木工程师学会（Institution of Civil Engineers，ICE）是关联组织，土木工程师学会负责土木工程标准计算规则（CESMM）。

造价工程师协会（Association of Cost Engineers，ACostE），侧重工业领域。

工程造价咨询公司在英国被称为工料测量师行，成立的条件必须符合政府或相关行业学会的有关规定。工料测量师行经营的内容较为广泛，涉及建设工程全寿命期各个阶段，主要包括：项目策划咨询、可行性研究、成本计划和控制、市场行情的趋势预测；招投标活动及施工合同管理；建筑采购、招标文件编制；投标书分析与评价，标后谈判，合同文件准备；工程施工阶段成本控制，财务报表，洽商变更；竣工工程估价、决算，合同索赔保护；成本重新估计；对承包商破产或并购后的应对措施；应急合同财务管理，后期物业管理，等等。

在英国，政府投资工程和私人投资工程分别采用不同的工程造价管理方法，但这些工程项目通常都需要聘请工料测量师行进行业务合作。其中，政府投资工程由政府有关部门负责管理，包括计划、采购、建设咨询、实施和维护，对从工程项目立项到竣工的各个环节的工程造价控制都较为严格，遵循政府统一发布的价格指数，通过市场竞争，形成工程造价。目前，英国政府投资工程约占整个国家公共投资的50%，其工程造价业务必须委托相应的工料测量师行进行管理。对于私人投资工程，政府通过相关的法律法规对此类工程项目的经营活动进行一定的规范和引导，只要在国家法律允许的范围内，政府一般不予干预。

英国的行业学会对从业人员的管理主要表现在3个方面：一是代表政府对相关从业人员进行资格准入和认可；二是对专业人士教育的介入和管理，包括对高校课程的认证及提供继续教育，从而保证从业人员的技巧、能力和知识的不断更新的增强；三是对整个行业的管理监督，包括制定严格的工作条例和职业道德标准，以及对从业人员的执业行为进行监督控制等。

在英国，对工料测量师的执业资格认可工作是由RICS全权负责的。RICS采用将会员资格和执业资格合而为一的方式进行管理，从业人员要想获得执业资格，必须满足RICS的入会标准并经过一定时间的专业实践培训，经考核合格后，成为RICS的正式会员，即具有了执业资格，可以独立从事工料测量的各项工作。

RICS的会员分为不同的等级，其中专业级会员包括资深会员（Fellow）和专业会员（Professional Member）两类，另外还有技术级会员（Technical Member）和荣誉级会员（Honorary Member）。同时还有学生（Student）、实习测量师（Trainee Surveyor）、技术练习生（Trainee Technical）三个相关的非正式会员。

RICS的会员中，只有专业级会员才可以使用特许工料测量师（Certified Quantity Surveyor）的头衔，具有独立的执业资格，可以承揽有关业务，签署有关估算、概算、预算、结算、决算文件；而技术级会员可以使用技术工料测量师（Technical Quantity Surveyor）的头衔，一般是作为特许工料测量师的助手，从事测量工作。学生会员等非正式会员是面向开始学习建筑、土地、房地产或与测量相关课程的学生等相关人士的，这类会员可以自由申请且是免费的。设立学生会员资格是为了给进入这个行业的学生在其职业生涯的开始阶段提供一些帮助，比如提供测量专业的最新信息、职业忠告、继续教育（CPD）的研讨会、工作经验计划、社会和慈善活动以及免费进入学会图书馆等条件。

RICS对工料测量师的管理主要包括行业规则、资格认可、专业教育、监督服务等方面，具体表现为：参与政府的立法过程，受政府委托组织制定技术标准、规范、合同标准文本，制定颁发专业人士工作条例、职业道德规范；组织专业人士的资格考试，认证专业人士的执业资格；建立、组织与完善专业人士培训体系，制定大学相关专业的教育标准并实行专业课程的认证制度，组织专业人士进行科学研究；管理专业人士的执业行为，为专业人士提供职业技术咨询及专业技术服务，组织学术会议，进行学术交流等继续教育活动。由此可见，英国的RICS对从业人员的管理乃至整个建筑工程测量行业的规范和发展，都具有举足轻重的地位。

2. 美国工程造价管理

在美国，与英国的工料测量概念相对应的是工程造价（Cost Engineering，CE），其专业人士被称为造价工程师（Cost Engineers，CE）。美国对工程造价专业人士管理的特点是政府宏观调控，行业高度自律。

美国拥有世界最为发达的市场经济体系。美国的建筑业也十分发达，具有投资多元化与高度现代化、智能化的建筑技术和管理广泛应用相结合的行业特点。美国的工程造价管理是建立在高度发达的自由竞争市场经济基础之上的。

美国的建设工程也主要分为政府投资和私人投资两大类，其中私人投资工程可占到整个建筑业投资总额的 60%～70%。美国联邦政府没有主管建筑业的政府部门，因而也就没有主管工程造价咨询业的专门政府部门，工程造价咨询业完全由行业协会管理。

美国工程造价管理具有以下特点：

（1）完全市场化的工程造价管理模式　在没有全国统一的工程量计算规则和计价依据的情况下，一方面，由各级政府部门制定各自管辖的政府投资工程相应的计价标准；另一方面，承包商需根据自身积累的经验进行报价。同时，工程造价咨询公司依据自身积累的造价数据和市场信息，协助业主和承包商，为工程项目提供全过程、全方位的管理与服务。

（2）具有较完备的法律及信誉保障体系　美国工程造价管理是建立在相关的法律制度基础上的。例如，在建筑行业中对合同的管理十分严格，合同对当事人各方都具有严格的法律制约，即业主、承包商、分包商、提供咨询服务的第三方之间，都必须采用合同的方式开展业务，严格履行相应的权利和义务。同时，美国的工程造价咨询企业自身具有较为完备的合同管理体系和完善的企业信誉管理平台。各企业视自身的业绩和荣誉为企业长期发展的重要条件。

（3）具有较成熟的社会化管理体系　美国的工程造价咨询业主要依靠政府和行业协会的共同管理与监督，实行“小政府、大社会”的行业管理模式。美国相关政府管理机构对整个行业的发展进行宏观调控，更多的具体管理工作主要依靠行业协会，行业协会更多地承担对专业人员和法人团体的监督和管理职能。

（4）拥有现代化管理手段　当今的工程造价管理均需采用先进的计算机技术和现代化的网络信息技术。在美国，信息技术的广泛应用，不但大大提高了工程项目参与各方之间的沟通、文件传递等的工作效率，也可及时、准确地提供市场信息，还使工程造价咨询公司收集、整理和分析各种复杂、繁多的工程项目数据成为可能。

美国工程造价或成本估算专业人士的资格由行业协会确认并颁发证书。其中，提供执业资格认可的协会主要有两个，即国际全面造价管理促进会（The Association for the Advancement of Cost Engineering International，AACE-I）和成本估算与分析学会（Society of Cost Evaluation and Analysis，SCEA）。

AACE-I 是美国最大的工程造价工程协会，在工程造价方面提供的认可资质有 3 种，分别是认可造价工程师（Certified Cost Engineer，CCE）、认可造价咨询师（Certified Cost Consultant，CCC）和预备造价咨询师（Interim Cost Consultant，ICC）。获得认可造价工程师/认可造价咨询师（CCE/CCC）证书即可以证明其具有一名造价工程师所需的专业能力。两种认证的考试内容是一样的，区别仅在于教育背景和工作经验要求的差异：CCE 要求申请者有至少 8 年的相关工作经验，其中 4 年可以由工程学士学位或专业工程师（Professional Engineer，PE）执照来代替，CCE 强调的是工程师背景；而 CCC 要求申请人在行业里有至少 8 年的工作经验，其中 4 年可以由相关学科的四年制学位来代替，相关学位包括建筑工程、工程技术、贸易、会计、项目管理、建筑学、计算机科学、数学等。ICC 是在 2000 年设立的，目的是为了满足年轻的专业人员的需要。他们在事业开始的时候，需要获得外界的认可，获得对其在工程造价和进度计划领域内的知识和技能的肯定，ICC 体系满足了他们的这一需要。只要具备了 4 年与工程造价相关工作或学习的经验，就可以参加 ICC 的资格考试，考试合格即可获得 ICC 的称号。目前，只有 CCE 和 CCC 是经工程与科学专业委员会理事会（The Council of Engineering and Scientific Specialty Boards，CESB）认可的国际公认的造价管理专业人士。

国际全面造价管理促进会（AACE-I）还进行认可造价工程师/认可造价咨询师（CCC/CCE）的再认可制度（recertification program），以保持他们作为行业专家的专业知识水平、专业实践水平和专业技术能力。AACE-I 规定 CCC/CCE 认可的有效期为 3 年，3 年后必须由 AACE-I 进行再认可，进行再认可有参加考试或积累学分（至少 15 分）两种方法。AACE-I 认为专业人士的继续教育非常重要，继续教育能够使他们在激烈的竞争中保持优势地位。而 AACE-I 的再认可制度可以被视为一个系统化的继续教育机制，为专业人士提供了持续学习的机会，同时也使他们有机会与同行交流、积累行业专业知识和经验。

具体来讲，成为一名 AACE-I 认可的工程造价专业人工的途径有两种，一种是直接成为 CCC/CCE，这需要有 8 年的相关实践经验；另一种是可以先成为预备造价咨询师（ICC），然后再经过 4 年的相关工作，最后成为一名 CCC/CCE。

美国联邦政府没有主管建设业的政府部门，因而也没有主管工程造价咨询业的政府部门，这意味着造价工程师不属于美国政府注册的专业人士。工程造价咨询业完全由行业学会管理并进行行业业务指导。但是其在工程建设过程中的作用不可忽视，而且现在越来越多的业主要求从事该专业的人具有认可资格。与我国不同的是，在美国，通常对工程造价咨询单位没有资质的要求，而是注重对执业人员的资格认证。

3. 日本工程造价管理

在日本，工程积算制度是日本工程造价管理所采用的主要模式。工程造价咨询行业由日本政府建设主管部门和日本建筑积算协会统一进行业务管理和行业指导。其中，政府建设主管部门负责制定、发布工程造价政策、相关法律法规、管理办法，对工程造价咨询业的发展进行宏观调控。

日本建筑积算协会作为全国工程咨询的主要行业协会，其主要的服务范围是：推进工程造价管理的研究，工程量计算标准的编制，建筑成本等相关信息的收集、整理与发布，专业人员的业务培训及个人执业资格准入制度的制定与具体执行等。

工程造价咨询公司在日本被称为工程积算所，主要由建筑积算师组成。日本的工程积算所一般为委托方提供工程价管理为核心的全方位、全过程的工程咨询服务，其主要业务范围包括：工程项目的可行性研究、投资估算、工程量计算、单价调查、工程造价细算、标底编制与审核、招标代理、合同谈判、变更成本积算、工程造价后期控制与评估等。

4. 发达国家和地区工程造价管理的特点

随着国际建筑业的发展，发达国家和地区工程造价管理在科学化、规范化、程序化的轨道上运行，形成了许多好的国际惯例。英、美、日、意等发达国家在工程造价管理上结合本土的实际情况，建立了科学、严谨的管理制度。各国和地区工程造价管理并无统一的模式，不同的区域有不同的方式和管理形式，但通过比较分析可以得出以下四点发达国家和地区工程造价管理的特点。

（1）利用协会管理体制，强调从业人员的素质　工程造价管理制度在发达国家和地区发展了上百年，伴随着经济的发展不断成熟，基本形成了政府部门对经济活动干预少，行业高度自律的机制。发达国家工程造价行业为了行业的繁荣与秩序，建立了一系列的管理协会，利用协会管理机制对从业人员进行管理，提高从业人员的素质。如英国的 RICS 对从业人员制定了严格的准入资格标准，从学历和专业能力两个方面鉴定从业人员的业务能力，要求从业人员不仅需要具备一定的学历教育，具备运用专业知识解决实际问题的能力，还需要具备组织管理、逻辑思维能力。

（2）提倡全过程造价管理　由于历史悠久、分工细化、需求多样，美国、西欧及其他发达国家的工程造价业态呈现出多样化的特点，既有提供全方位或多专业工程造价和管理服务的综合咨询企业，也有独立的建筑师事务所、工料测量师行、项目管理公司等。但无论是综合咨询企业总体承担项目造价咨询或专业造价咨询事务所分别承担，发达国家工程建设项目造价咨询业务始终沿袭着一个传统，即所有专业服务并非独立开展，而是围绕一个共同目标，统筹策划，各司其职而又高度协同地进行全过程造价管理。

日本实行的全过程造价管理是指从调查阶段、计划阶段、设计阶段、施工阶段、监理检查阶段、竣工阶段直至保修阶段均严格进行造价管理。造价管理大体分为三个阶段：一是可行性研究阶段，此阶段根据实施项目计划和建设标准，制订开发规模和投资计划，并根据可类比的工程造价及现行市场价格进行调整和控制；二是设计阶段，按可行性研究阶段提出的方案进行设计，编制工程概算，将投资控制在计划之内；三是施工中严格按图纸施工，核算工程量，制订材料供应计划，加强成本控制和施工管理，保证竣工决算价控制在工程预算额度内。

德国的工程建设项目将工程造价管理贯穿于管理、质量、进度和成本等方面，不论是政府项目还是私人投资项目，均以科学合理地确定工程造价为基础，实施动态管理、全过程管理，并且要求在实施过程中，各单位必须严格按照投资估算进行，不能随意修改和突破。

英国工程造价的控制贯穿于立项、设计、招标、签约和施工结算等全过程，在既定的投资范围内随阶段性工作不断深化，使工期、质量、造价的预期目标得以实现。工程造价的确定由业主和承包商依据《建筑工程标准计量规则》（SMM），并参照政府和各类咨询机构发布的造价指数、价格信息指标等来进行。造价管理内容包括协助投资者选定全生命费用最低的方案；帮助业主针对工程的具体情况选择合同方式；在投标人报出价格与费率基础上进行比较分析，选择较合理的标书提供给决策者；在施工合同执行过程中，工料测量师根据成本规划对造价进行动态控制，定期对已发生的费用、工程进度做比较并报告委托人等。

（3）计价依据具有统一性和市场性　在发达国家和地区通常采用工程量清单计价的计价方法。造价管理单位以市场价格为计价基础进行计价，该计价方法与市场经济相适应，能够完整反映市场实际，有利于建筑企业凭借自身实力参与市场竞争，有利于确定合理的工程造价计价模式。

在工程量清单计价方法之下，各国一般有一套统一的计价依据，其最大的特点体现在统一性和市场性。

一方面，发达国家常用的工程计价模式是充分发挥市场主体主动性的计价方式。价格的确定采用"国家间接调控、企业自主确定、市场形成价格"模式，计价纯属市场行为。除了政府定期公布人、材、机市场价格，各种价格指数、综合指标，宏观调控引导工程计价工作以外，企业自身也有一套计价资料和计价方法。企业主要根据过去的工程造价资料的累积和企业的管理水平、技术水平，自行确定工程造价。以美国为例，美国是典型的市场化价格的国家。联邦政府和地方政府没有统一的工程造价计价依据和标准，工程建设项目的估算、概算、人工、材料和机械消耗定额，并不是由政府部门组织制定的，一般根据积累的工程造价资料，并参考各工程咨询公司有关造价的资料，对各自管辖的政府工程制订相应的计价标准，并作为工程费用估算的依据。有关工程造价的工程量计算规则、指标、费用标准等，一般是由各专业协会、大型工程咨询公司制订。各地的工程咨询机构，根据本地区的具体特点，制订单位建筑面积的消耗量和基价，并作为所管辖项目造价估算的标准。因为这些数据是从实际工程资料的基础上分析、测算而得，所以其科学性、准确性、公正性得到了社会的广泛认可和采纳。

另一方面，在发达国家和地区将统一的工程量计算规则、统一的实物量及设备清单等计价依据作为统一的标准，这些标准可用来规范业主、承包商双方的计价行为。该计价依据和标准适应市场经济。英国没有类似我国的定额体系，为了保证各工程项目的计算依据的统一性，维护建筑市场的秩序，将英国皇家测量师学会（RICS）组织制定的《建筑工程标准计量规则》（SMM）作为工程量计算规则，并成为参与工程建设各方共同遵守的计量、计价的基本规则。此外，英国土木工程师学会（ICE）还编制了适用于大型或复杂工程项目的《土木工程标准计量规则》（CESMM）。英国政府投资工程从确定投资和控制工程项目规模及计价的需要出发，要求各部门制订经过财政部门认可的各种建设标准和造价指标，这些标准和指标将作为各部门向国家申报投资、控制规划设计、确定工程项目规模和投资的基础，也是审批立项、确定规模和造价限额的依据。

（4）多渠道收集造价信息　造价信息是建筑产品估价和结算的重要依据，是建筑市场价格变化的指示灯，造价人员确定工程价格的主要依据是市场价格、政府发布的造价指标、企业自己的造价资料库等造价信息，因此，在发达国家无论是施工企业还是政府机构都十分重视对造价信息的收集、整理、分析，以及已建工程造价资料库的建立。这些完善的造价资料给确定工程造价提供了计价依据和可靠的保证。从某种角度讲，及时、准确地捕捉建筑市场价格信息是业主和承包商能否保持竞争优势和取得盈利的关键因素之一。

在英国，有关建筑信息和统计的资料主要由贸工部的建筑市场情报局和国家统计办公室共同负责收集整理并定期出版发行，同时各咨询机构、业主和承包商也非常注重收集整理有关信息和保留历史数据，尤其是承包商将其收集和整理的工程造价信息作为其以后投标报价的依据。工程造价信息的发布采用价格指数、成本指数的形式，同时对投资建筑面积等信息进行收集发布。

在美国，建筑造价指数一般由一些咨询机构和新闻媒介编制，在多种建筑造价信息来源中，《工程新闻记录》（Engineering News Record，ENR）的造价指数是比较重要的一种。编制 ENR 造价指数是为了准确预测建筑价格，确定工程造价。美国 ENR 造价指数是一个加权总指数，由构件钢材、波特兰水泥、木材和普通劳动力 4 种个体指数组成。ENR 共编制两种造价指数，建筑造价指数和房屋造价指数。这两个指数在计算方法上基本相同，区别仅体现在计算总指数中的劳动力要素不同。ENR 指数资料来源于 20 个美国城市和 2 个加拿大城市，ENR 在这些城市中派有信息员，专门负责收集价格资料和信息。ENR 总部则将收集到的价格信息和数据汇总，并在每个星期四计算并发布最近的造价指数。

在意大利，公共工程观察中心设置的专业部门会收集各施工企业在建筑施工公告中的工料消耗、材料价格、人工工资、分部分项工程价格等数据。观察中心会根据这些信息对各类型、各级别的工程，按照建设标准、建设实践、建设地区的不同，分别整理、比较，在考虑原材料价格因素的同时，形成资料，并就单项工程造价的高低、功效比，经过统计、比较，形成同类型的造价数据库供全社会使用。

2.5.2 我国工程造价管理

1. 我国内地工程造价管理

我国在工程造价管理的发展历程，最早可以追溯到公元前 1600 年的商朝。根据文字形成发展历史，商朝时期"工"字已经存在，指的是一种官吏，负责管理工匠。公元前 841 年，周朝设掌管营造工作的"司空"。公元前 770 年，春秋战国时期的《考工记》就已经记载了关于工匠进行劳力预算的事迹，是现存关于工程造价预算以及控制的最早记录之一。著作《辑古纂经》编于唐代，其中记载了从唐朝开始应用标准设计，用"功"称呼施工定额。北宋著作《营造法式》也有关于功限、料例的记载，即指劳动定额以及材料使用定额；《营造法式》中收集有丰富的工匠施工经验，极大地发挥了其关于工程控制的作用，影响深远，直至明清还在沿用。元朝广泛使用减柱法以节约木材、扩大空间。明朝著作《鲁班经》，总结了我国古代南方民间建筑的丰富经验，曾在江南民间广泛流传，有着深远的影响。清朝时期的《工程做法则例》，对建筑的模数以及材料提出标准，很多有关工料的计算方法都被具体说明。这些都表明，由于建筑活动消耗巨大，我国古代对如何提高建筑经济效益的问题已经有所重视。但是，历史的局限性也同样存在于这种工程造价管理思想之中。

新中国成立后，我国参照苏联的工程建设管理经验，根据"量价合一"的原则进行概预算编制，逐步建立了一套与计划经济体制相适应的定额管理体系，并陆续颁布了多项规章制度和定额，建立健全了概预算工作制度，确立了概预算在基本建设工作中的地位，同时对概预算的编制原则、内容、方法，以及审批、修正办法、程序等做了规定，实行集中管理为主的分级管理原则，在国民经济的复苏与发展中起到了十分重要的作用。

20 世纪 60 年代中期至 70 年代中期，概预算制度受到严重破坏，许多资料以及机构都不复存在。随着改革开放，国家经济不断发展，投资效益越来越得到重视，逐步形成了有利于工程造价管理制度重新建立的良好环境。

1980 年后的一段时间，基本建设体系巨变，投资的资金、主体以及渠道等都朝着多元化发展，设计、施工的相关单位也开始自主经营。1983 年，基本建设标准定额局成立，主要负责工程概预算定额、费用标准等的相关工作。中国工程建设概预算定额委员会于 1985 年成立，之后发展成为中国建设工程造价管理协会。众多工程造价管理人员逐渐认知了全过程工程造价管理概念，这对建筑业的发展产生了重要影响。

20 世纪 90 年代之后，机遇和挑战不断冲击着工程造价管理领域。许多工程造价管理研究者和工作者进行了大胆的探索，许多新概念不断被提出，如"合理确定，有效控制"等。随后，定额管理的方式被改变，人工、材料、机械等消耗量得到控制，加快了企业经营机制的转换，增强了企业的竞争力。

工程管理的相关制度逐步确立，同时，一些新的业务开始涌现，如项目融资等。这就需要一批新的人才，可以同时掌握工程计量与计价，并熟知经济法与工程造价管理，以应对时势的变化。由于国际经济逐渐实现一体化，通晓国际惯例的人员储备成为客观需求。在这种形势下，通过认真准备和组织论证，从1996年建设部发布《造价工程师执业资格制度暂行规定》、1998年发布《关于实施造价工程师执业资格考试有关问题的通知》开始，逐步建立了既有我国特点又向国际惯例靠拢的注册造价工程师制度，极大地促进了该专业的发展，使得这门学科逐渐成为一个完整而又独立的体系。

从1997年到2000年，我国的工程造价管理改革进一步深化。一方面，是对工程中的政府和非政府投资区别管理；另一方面，是发展建立适合当前国情的工程计价依据，计量单位、工程量计算以及项目划分寻求统一规则；逐步践行工程量清单报价制度，并建立相关的规章制度。完善国家宏观调控机制，不断加强建筑企业的经营与成本管理，充分发展具有中国特色的相关管理体制，即"宏观调控，市场竞争，合同定价，依法结算"。1998年，国家相继出台了《中华人民共和国价格法》《中华人民共和国招标投标法》等一系列法律法规，促进了工程造价等方面的发展，同时也促生了众多新课题。

2000年，建设部颁布《工程造价咨询单位管理办法》（建设部令第74号）和《造价工程师注册管理办法》（建设部令第75号），为工程造价咨询单位及其相关工作的高效快速发展提供了有力的保障，也规范了建设市场的秩序。这些规章实际上已说明了工程造价管理的特殊性。2001年，我国正式加入世界贸易组织（WTO），这对提高工程造价管理的总体水平、与国际惯例接轨、加快工程造价管理市场化进程，产生了很大的推动作用。工程造价管理改革有利于工程造价咨询市场的不断规范化，促进了造价咨询专业责任制度和造价工程师签字制度的建立。2006年，建设部《工程造价咨询企业管理办法》（建设部令第149号），与6年前的《工程造价咨询单位管理办法》有所不同，《工程造价咨询企业管理办法》加强了造价咨询企业的管理，造价咨询工作的质量也得到了提高，建设市场的秩序以及社会的公共利益得到了一定的保障。

我国建设工程计价模式经历了以下几个阶段的变革：第一阶段，从新中国成立初期到20世纪50年代中期，是无统一预算定额与单价情况下的工程造价计价模式，这一时期主要是通过设计图计算出的工程量来确定工程造价；第二阶段，从20世纪50年代末期到90年代初期，是在政府统一预算定额与单价情况下，结合设计图计算出的工程量来确定工程造价，这种计价模式基本属于政府决定造价，这一阶段延续的时间最长，并且影响最为深远；第三阶段，从20世纪90年代至2003年，这段时间造价管理沿袭了以前的造价管理方法，同时随着我国社会主义市场经济的发展，建设部对传统的预算定额计价模式提出了"控制量，放开价，引入竞争"的基本改革思路；第四阶段，从2003年起至今，住房和城乡建设部陆续颁布了《建设工程工程量清单计价规范》（GB 50500—2003）、《建设工程工程量清单计价规范》（GB 50500—2008）以及现行的《建设工程工程量清单计价规范》（GB 50500—2013），计价规范的实施有利于发挥企业自主报价的能力，实现了由政府定价到市场定价的转变，也有利于我国工程造价管理政府职能的改变，它的出现促进了我国建筑市场向更加健康的方向发展。

2. 我国香港地区工程造价管理

香港地区工程造价管理模式是沿袭英国的做法，但在管理主体、具体计量规则的制定、工料测量事务所和专业人士的执业范围和深度等方面，都根据自身特点进行了适当调整，使之更适合香港地区工程造价管理的实际需要。

在香港地区，专业保险在工程造价管理中得到了较好应用。一般情况下，由于工料测量师事务所受雇于业主，在收取一定比例咨询服务费的同时，也要对工程造价控制负有较大责任。因此，工料测量师事务所在接受委托，特别是控制工期较长、难度较大的项目造价时，都需购买专业保险，以防工作失误时因对业主进行赔偿可能导致的破产。可以说，专业保险的引入，一方面加强了工料测量师事务所防范风险和抵抗风险的能力，另一方面也为香港工程造价业务向国际市场开拓提供了有力保障。

从 20 世纪 60 年代开始，香港地区的工料测量事务所已发展为可对工程建设全过程进行成本控制，并影响建筑设计事务所和承包商的专业服务类公司，在工程建设过程中扮演着越来越重要的角色。政府对工料测量事务所合伙人有严格要求，要求合伙人必须具有较高水平的专业知识和技能，并获得相关专业学会颁发的注册测量师执业资格，否则工料测量事务所就领不到营业执照，无法开业经营。香港的工料测量师以自己的实力、专业知识、服务质量在社会上赢得声誉，以公正、中立的身份从事各种服务。

香港地区的专业学会是在众多工料测量事务所、专业人士之间相互联系和沟通的纽带。同时，学会与政府之间也保持着密切联系。学会内部互相监督、互相协调、互通情报、强调职业道德和经营作风。这种专业学会在保护行业利益和推行政府决策方面起着重要作用。学会对工程造价起着指导和间接管理的作用，甚至也充当工程造价纠纷仲裁机构，如当承发包双方不能相互协调或对工料测量事务所的计价有异议时，可以向学会提出仲裁申请。

本章小结

本章概述了工程造价专业的基础知识。首先，介绍了建设工程与建设项目的区别，以及建设项目的分解结构和建设程序；其次，对工程造价的发展历史、含义、构成、特点、职能、作用及计价特征进行介绍；再次，在学生对工程造价相关知识有所了解的基础上，介绍了工程造价管理的基本内涵、基本内容及组织系统；介绍我国造价工程师、工程造价咨询的管理制度；最后，介绍国内外工程造价管理的发展。

本章介绍的知识在工程造价专业其他专业课中也会有所涉及，但讲授和学习的方法不同。这里主要是宏观讲授，概念导读，扫盲、纠偏式学习，帮助刚入学的工程造价专业学生建立初步的工程造价基本概念，以及对职业制度、管理体系的宏观专业认识。之后的其他专业课中再次涉及相关知识时，则应该深入理解；以便学生理解并掌握，并形成自己的专业知识体系，融会贯通，以进行相关的专业思考乃至探讨。

思考题

1. 建设工程与建设项目的概念有什么不同？

2. 对建设项目进行分解的目的是什么？

3. 简述我国建设项目的建设程序。

4. 怎么理解工程造价和工程造价管理的概念？

5. 对比并理解全寿命期造价管理、全过程造价管理、全要素造价管理和全方位造价管理的概念。

6. 了解造价工程师和工程造价咨询的管理制度，思考它们对今后的学习和工作有什么作用。

7. 对比国内外工程造价管理发展历程的不同。

第3章
工程造价专业培养方案

3.1 培养目标与规格

3.1.1 培养目标

《普通高等学校本科专业类教学质量国家标准》制定的管理科学与工程类专业的人才培养目标为：适应国民经济和社会发展的实际需要，注重学生综合素质的培养。培养拥有系统化管理思想和较高管理素质，掌握管理学与经济学基础理论以及信息与工程相关技术知识，具有一定的理论和定量分析能力、实践能力以及创新创业能力，具备职业道德与国际视野，满足现代管理需要的高素质人才。

《高等学校工程造价本科指导性专业规范》（2015年版）则将工程造价专业培养具体为：适应社会主义现代化建设需要，德、智、体全面发展，掌握建设工程领域的基本技术知识，掌握与工程造价管理相关的管理、经济和法律等基础知识，具有较高的科学文化素养、专业综合素质与能力，具有正确的人生观和价值观，具有良好的思想品德和职业道德、创新精神和国际视野，全面获得工程师基本训练，能够在建设工程领域从事工程建设全过程造价管理的高级专门人才。

工程造价专业毕业生能够在建设领域的政府管理部门、投资管理公司、房地产开发与管理公司、施工企业及总承包单位、工程项目管理及造价咨询公司、审计部门、工程设计单位、高等教育机构、评估公司以及银行、税务、保险等部门工作。学生毕业后通过注册考试可获得注册造价工程师、建造师、房地产评估师等执业资格，能够在建设领域从事项目决策和经济评价、投融资管理及策划、项目投资管理与成本控制、工程审计、工程招投标及合同管理、工程造价纠纷鉴等方面的工作。

由于专业学科背景、教学条件不尽相同，各高校的工程造价专业在教学内容、实践环节上会有不同的侧重点。对于重点院校，设置专业时考虑学科需求会多一些；对于一般院校，则更多注重实践应用能力的培养。工程造价专业的人才培养模式有很多，通常有研究型、应用型、产学研合作型、卓越工程师型及创新型等人才培养模式，各个学校可根据自身的实际情况制订培养计划并组织实施，创造鲜明的院校特色。

3.1.2 培养规格

专业培养规格是专业对所培养的人才质量标准的规定，是指受教育者应达到的综合素质，它是专业培养目标的立足点和实现保障。高等学校专业培养规格是专业培养目标的细化，是专业对毕业生培养质量要求的规范，是制订教学计划和课程教学大纲，组织教学、检查和评估教育质量的依据，解决了专业人才培养的方向问题。专业培养规格应该按照国家政策和人才市场导向制定，符合专业教育培养目标的综合素质要求。

1. 管理科学与工程类人才培养规格

《普通高等学校本科专业类教学质量国家标准》对管理科学与工程类人才培养的知识要求、能力要求、素质要求进行了概括性描述。

（1）知识要求　掌握管理科学与工程类专业的基本知识和基本理论，熟悉相关的信息技术与工程技术知识，了解自然科学、社会科学、人文学科等基础知识，并形成合理的整体性知识结构。

（2）能力要求　具备独立自主地获取和更新管理科学与工程类专业相关知识的学习能力，具备将相关专业知识综合应用的实践能力，具有较强的逻辑思维能力、语言与文字表达能力、人际沟通能力和组织协调能力，具有运用专业外语的基本能力，具备综合利用管理科学、信息技术和工程方法解决相关管理问题的基本能力，在相关专业理论与实践方面初步具备创新创业能力。

（3）素质要求　管理科学与工程类专业培养的人才应拥有良好的思想政治素质和正确的人生观、价值观，具有较强的法律意识、高度的社会责任感、良好的职业道德、团队合作精神和社会适应能力，具备科学精神、人文素养和专业素质，具有创新精神和创业意识，具有健康的心理素质和体魄。

2. 工程造价专业人才培养规格

《高等学校工程造价本科指导性专业规范》和《高等学校工程管理类专业评估认证文件》对工程造价专业人才培养的知识结构、能力结构、综合素质有具体的相关要求。

（1）知识结构

1）人文社会科学知识：熟悉哲学、政治学、社会学、心理学、历史学等社会科学基本知识，了解文学、艺术等方面的基本知识。

2）自然科学知识：掌握高等数学、工程数学知识，熟悉物理学、信息科学、环境科学的基本知识，了解可持续发展相关知识，了解当代科学技术发展现状及趋势。

3）工具性知识：掌握一门外国语，掌握计算机及信息技术的基本原理及相关知识。

4）专业知识：掌握工程制图与识图、工程测量、工程材料、土木工程（或建筑工程、机电安装工程）、工程力学、工程施工技术等工程技术知识，掌握建设项目管理、工程定额原理、工程计量与计价、工程造价管理、管理运筹学、施工组织等工程造价管理知识，掌握经济学原理、工程经济学、会计学基础、工程财务等经济与财务管理知识，掌握经济法、建设法规、工程招投标与合同管理等法律法规与合同管理知识，熟悉工程计量与计价软件及其应用、工程造价信息管理等信息技术知识。

5）相关专业领域知识：了解城乡规划、建筑、市政、环境、设备、电气、交通、园林及金融保险、工商管理、公共管理等相关专业的基础知识。

（2）能力结构

1）综合专业能力。

① 能够掌握和应用现代工程造价管理的科学理论、方法和手段，具备发现、分析、研究、解决工程建设全过程造价管理实际问题的能力。

② 能够进行建设项目策划及投融资分析，具备编制和审查工程投资估算的能力。

③ 能够进行工程设计方案的技术经济分析，具备编制和审查工程设计概预算的能力。

④ 能够进行工程招投标策划、合同策划，具备编制工程招投标文件及工程量清单、编制招标控制价、确定合同价款和进行工程合同管理的能力。

⑤ 能够进行工程施工方案的技术经济分析，具备编制资金使用计划及工程成本规划的能力；具备进行工程风险管理的能力。

⑥ 能够进行工程计量与成本控制，具备编制和审查工程结算文件、工程变更和索赔文件、竣工决算报告的能力。

⑦ 能够进行工程造价分析与核算，具备工程造价审计、工程造价纠纷鉴定的能力。

2）表达、信息技术应用及创新能力。

① 具备较强的中文书面和口头表达能力。

② 能够检索和分析中外文专业文献，具备对专业外语文献进行读、写、译的基本能力。

③ 具备运用计算机及信息技术辅助解决工程造价专业相关问题的基本能力。

④ 初步具备创新意识与创新能力，能够发现、分析、提出新观点和新方法，具备初步进行科学研究的能力。

（3）综合素质

1）思想道德：具有正确的政治方向，行为举止符合社会道德规范，愿为国家富强、民族振兴服务；爱岗敬业、坚持原则、勇于担当，具有良好的职业道德和敬业精神；树立科学的世界观、正确的人生观和价值观；具有诚信为本、以诚待人的思想，求真务实、言行一致；关心集体，具有较强的集体荣誉感和团结协作的精神。

2）文化素质：具有宽厚的文化知识积累，初步了解中外历史，尊重不同的文化与风俗，有一定的文化与艺术鉴赏能力；具有积极进取、开拓创新的现代意识和精神；具有较强的与他人交往的意识和能力。

3）专业素质：获得科学思维方法的基本训练，养成严谨求实、理论联系实际、不断追求真理的良好科学素养；具有系统工程意识和综合分析素养，能够从工程造价角度分析工程设计与施工中的不足和缺陷，具有预防和处理与工程造价管理相关的重点难点和关键问题的能力。

4）身心素质：身体健康，达到国家体育锻炼合格标准要求；能理性客观分析事物，具有正确评价自己与周围环境的能力；具有较强的情绪控制能力，能乐观面对挑战和挫折，具有良好的心理承受能力和自我调适能力。

3.2 课程体系

3.2.1 管理科学与工程类课程体系

《普通高等学校本科专业类教学质量国家标准》将管理科学与工程类专业的课程体系分

为理论教学课程和实践教学课程两个方面。

理论教学课程包括3类课程：通识课程、基础课程、专业课程。

实践教学课程包括课程实验、课程设计、社会实践、实习实训、毕业论文（设计）与综合训练等。

1. 理论教学课程

（1）通识课程 通识课程体系除国家规定的教学内容（包括思想政治理论课）外，主要包括自然科学、社会科学、人文学科、艺术、体育、外语、计算机与信息技术等方面的知识内容，由各高校、各专业根据国家规定和具体办学定位及培养目标均衡设置。

（2）基础课程 基础课程体系包括数理类、信息技术与工程类、经济类、管理类等专业基础课程，以及专业培养方案所要求的基础课程。

各高校、各专业按照所要求的知识领域，根据具体定位和办学特色设置课程，其中至少包括下列专业基础课程：

1）数理类基础课程应涵盖高等数学、线性代数、概率论等知识领域。

2）信息技术与工程类基础课程应涵盖管理信息系统以及与专业相关的信息与工程技术等知识领域。

3）经济类基础课程应涵盖经济学（如微观经济、宏观经济）等知识领域。

4）管理类基础课程应涵盖运筹学、管理学、统计学等知识领域。

（3）专业课程 在管理科学与工程类专业的培养目标、培养规格、课程体系等总体框架内，各专业根据自身定位与办学特色，设置不少于6门专业主干课程（见表3-1）。同时，开设相关选修课程，鼓励开发跨学科、跨专业的新兴交叉专业课程，并与专业主干课程形成逻辑上的拓展和延续关系；特别鼓励开设创新创业基础、就业创业指导等方面的选修课，为学生提供创新创业方面的相关知识。

表3-1 工程造价专业主干课程

序　号	课程名称	备注说明
1	工程经济学	必须开设的主干课
2	工程合同管理	必须开设的主干课
3	工程计量与计价	必须开设的主干课
4	工程造价管理	必须开设的主干课
5	建设项目管理	—
6	工程安全与环境保护	—
7	工程定额原理	—
8	施工方法与组织	—
9	计算机辅助工程造价	—
10	设备安装	—
11	建筑结构	—
12	建设法规	—
13	建筑信息建模（BIM）技术应用	—

各专业根据自身定位与办学特色，从表 3-1 工程造价专业主干课程中选择不少于 6 门的专业主干课程，从而使学生对本专业相关领域的发展动态及新知识、新技术有一定的了解和掌握。设置课程内容时应注意对学生创新精神和创业意识的培养。

2. 实践教学课程

通过建立健全实践教学体系，加强相关的实践性教学，通过实践教学培养学生的实验技能和设计技能，培养发现、分析、解决实际问题的综合实践能力和初步研究能力。

（1）课程实验与课程设计 结合自身专业特色，设置相关专业的课程实验、课程设计等实践教学单元。

（2）社会实践 根据专业实际需要，组织各种形式的社会实践活动，让学生了解社会生活，培养其社会责任感，增强其实践能力。

（3）实习实训 实习实训包括认识实习、课程实习、专业实习、专业实训、毕业实习等实践环节。各专业可根据各自所需培养的综合专业能力，选择实习实训的形式和内容。

（4）毕业论文（设计）与综合训练 毕业论文（设计）与综合训练可采取学术论文、系统设计、项目设计、调研报告、项目分析报告、编制工程文件等多种形式完成。选题应加强实践性导向；内容应综合运用所学的理论与专业知识，满足专业综合训练要求；完成过程及成果展示应符合专业规范。鼓励学生创新思维，使学生尽可能根据自身兴趣结合管理实践中的问题，在指导教师的指导下开展和完成毕业论文（设计）与综合训练。

应为本科生选配合适的毕业论文（设计）与综合训练的指导教师。指导教师由各专业具有中级及以上专业技术职务的教师担任，必要时可聘请专业实务部门有关人员共同指导。指导教师应加强选题、开题、调研、设计、撰写等环节的指导和检查，强化专业规范。

3.2.2 工程造价专业课程体系

《高等学校工程造价本科指导性专业规范》将教学内容分为知识体系、实践体系和创新训练 3 部分，通过有序的课堂教学、实践教学和课外活动，实现学生的知识融合与能力提升。

课程体系的必修课应覆盖《高等学校工程造价本科指导性专业规范》中的全部知识体系，但各学校可根据专业培养计划及培养模式适当调整课程体系及拓宽选修课程的专业边界，保持和创造院校的培养特色。例如，开设在工科院校的工程造价专业，可发挥工科背景优势，培养掌握专业工科理论的造价管理实践性人才；基于此人才培养目标，在专业知识领域及课程的设置中会重点突出工程计量计价及相关实践环节、工程招投标与合同管理、工程造价管理、专业软件等课程讲授中应用实践能力的培养。开设在综合类和财经院校的工程造价专业，旨在培养具有全局观念的综合性造价管理人才，其培养方案和开设的专业课以经济学、财务管理等管理类课程居多。

1. 知识体系

工程造价专业知识体系由人文社会科学基础知识、自然科学基础知识、工具性知识和专业知识 4 部分知识领域构成。

每一个知识领域的知识描述及推荐课程见表 3-2 和表 3-3。

表 3-2 人文社会科学基础知识、自然科学基础知识、工具性知识领域及推荐课程

序　号	知 识 领 域	知 识 描 述	推 荐 课 程
1	人文社会科学基础知识	哲学	毛泽东思想和中国特色社会主义理论体系、马克思主义基本原理、中国近代史纲要、思想道德修养与法律基础、心理学基础、体育、军事理论、文学欣赏、艺术欣赏
2		政治学	
3		历史学	
4		法学	
5		社会学	
6		心理学	
7		艺术	
8		文学	
9		体育	
10		军事	
11	自然科学基础知识	数学	高等数学、线性代数、概率论与数理统计、大学物理、环境保护概论
12		物理	
13		环境科学基础	
14	工具性知识	外国语	大学外语、专业（或科技）外语、计算机信息技术、文献检索、程序设计语言、数据库技术、AutoCAD 技术基础
15		信息科学技术	
16		计算机技术与应用	

表 3-3 专业知识领域及推荐课程

序　号	知识领域	专 业 领 域	推 荐 课 程
1	专业知识	建设工程技术基础	工程制图与识图、工程测量、工程材料、土木工程概论（或其他工程概论）、工程力学、工程施工技术
2		工程造价管理理论与方法	管理学原理、管理运筹学、建设项目管理、工程造价专业概论、施工组织、工程定额原理、工程计量与计价、工程造价管理
3		经济与财务管理	工程经济学、经济学原理、会计学基础、工程财务
4		法律法规与合同管理	经济法、建设法规、工程招投标与合同管理
5		工程造价信息化技术	工程计量与计价软件、工程管理类软件

2. 实践体系

工程造价专业实践体系包括各类实验、实习、设计、社会实践以及科研训练等。社会实践及科研训练等实践教学环节由各高等学校结合自身实际情况设置。通过实践教学，培养学生分析、研究、解决工程造价管理实际问题的综合实践能力和科学研究的初步能力。

（1）实验领域　工程造价专业实验领域包括基础实验、专业基础实验、专业实验及研究性实验 4 个部分。

1）基础实验包括计算机及信息技术应用实验等。

2）专业基础实验包括工程材料实验、工程力学实验等。

3）专业实验包括工程计量、计价及造价管理软件应用实验、工程管理类软件应用实

验等。

4）研究性实验。各高等学校可结合自身实际情况，针对专业知识开设研究性实验，以设计性、综合性实验为主。

（2）实习领域　工程造价专业实习领域包括认识实习、课程实习、生产实习和毕业实习 4 个部分。

1）认识实习按工程造价专业知识的相关教学要求安排实践，应选择符合专业培养目标要求的相关内容。

2）课程实习包括工程测量实习、工程现场实习以及其他与专业有关的课程实习。

3）生产实习与毕业实习。各高等学校应根据自身办学特色及工程造价专业学生所需的综合专业能力，安排实习内容、时间和方式。

（3）设计领域　工程造价专业设计领域包括课程设计和毕业设计（论文）两个部分。课程设计和毕业设计（论文）的实践应按专业特色安排相关内容。

3. 创新训练

工程造价专业人才的培养应体现知识、能力、素质协调发展的原则，应特别强调学生创新思维、创新方法和创新能力的培养。创新训练与初步科研能力培养应在整个本科教学和管理相关工作中得到贯彻和实施，要注重以知识体系为载体，在课堂教学中进行创新训练；应以实践体系为载体，在实验、实习和设计中进行创新训练。选择合适的知识单元和实践环节，提出创新思维、创新方法、创新能力的训练目标，构建和实施创新训练单元。提倡和鼓励学生参加创新活动，如国家大学生创新创业训练计划、学校大学生科研训练计划、相关专业或学科竞赛、工程计量与计价大赛、BIM（建筑信息模型）大赛、创新大赛等大学生创新实践训练等。

有条件的高等学校可开设创新训练的专门课程，如创新思维和创新方法、工程造价管理研究方法、大学生创新性实验等，这些创新训练课程也应纳入工程造价专业培养方案。

3.3　主干课程简介

下面通过知识单元和知识点二级内容对工程造价专业主干课程进行简要介绍。知识单元规定了专业知识的基础要素，是工程造价专业教学中最基本的教学内容。知识点则是工程造价专业学生必须掌握的知识清单。

1. 工程经济学

工程经济学属于工程造价管理理论与方法知识领域的主干课，是一门以建设项目为研究对象，研究如何使工程技术方案（或投资项目）取得最佳经济效果的课程。该门课程的知识单元、知识点及学习要求见表 3-4。

表 3-4　工程经济学的知识单元、知识点及学习要求

序　号	知 识 单 元	知 识 点	学习要求
1	工程经济学引论	工程经济学的产生背景和发展历史	熟悉
		工程经济分析的基本原则和步骤	掌握

（续）

序　号	知识单元	知 识 点	学习要求
2	现金流量与资金等值计算	现金流量	掌握
		资金时间价值与利率	掌握
		资金等值计算及其应用	掌握
3	资金筹措与资金成本	资金筹措与项目融资	熟悉
		资金成本	掌握
4	工程技术方案经济效果评价方法	工程技术方案经济效果评价指标体系	掌握
		独立方案的经济效果评价及优选方法	掌握
		互斥方案的经济效果评价及优选方法	掌握
		相关方案的经济效果评价及优选方法	掌握
5	不确定性分析与风险分析	不确定性分析	掌握
		风险分析	熟悉
6	建设项目可行性研究	可行性研究报告的基本内容	掌握
		市场调查方法	了解
7	建设项目财务评价	财务评价指标体系	掌握
		财务评价基本报表	掌握
8	建设项目国民经济评价	国民经济评价与财务评价的异同	熟悉
		国民经济评价指标与参数	熟悉
9	设备更新分析	设备更新影响因素与设备经济寿命	掌握
		设备大修理及其经济界限	了解
		设备更新方案的综合比较	了解
		设备租赁与购置的方案比较	熟悉
10	价值工程	价值工程分析步骤	熟悉
		价值工程对象的选择	熟悉
		功能分析与研究的方法	掌握
		价值工程方案评价与实施	熟悉

2. 工程合同管理

工程合同管理属于法律法规与合同管理知识领域的主干课。工程合同管理与工程招投标关系紧密，工程招标文件包括拟签订的合同约定，而已标价的工程量清单（投标文件的重要组成部分）也是合同的有效组成部分。因此，该门课程一般包括两部分：工程招投标、工程合同管理。该门课程的知识单元、知识点及学习要求见表3-5。

表3-5　工程合同管理的知识单元、知识点及学习要求

序　号	知识单元	知 识 点	学习要求
1	工程招投标概述	工程招投标及其范围	熟悉
		工程招标方式和程序	掌握

（续）

序 号	知 识 单 元	知 识 点	学习要求
2	工程勘察设计招标与投标	工程勘察设计招标	熟悉
		工程勘察设计投标	熟悉
3	工程监理招标与投标	工程监理招标	熟悉
		工程监理投标	熟悉
4	国内工程施工招标与投标	国内工程施工招标	掌握
		国内工程施工投标	掌握
5	国际工程施工招标与投标	国际工程施工招标	熟悉
		国际工程施工投标	熟悉
6	工程材料、设备采购招标与投标	工程材料、设备采购招标	熟悉
		工程材料、设备采购投标	熟悉
		工程材料、设备采购询价	熟悉
7	工程合同管理概述	合同与合同法	掌握
8	工程勘察设计合同管理	工程勘察设计合同的订立和履行	熟悉
		工程勘察设计合同管理工作内容	熟悉
9	工程监理合同管理	工程监理合同示范文本	掌握
		工程监理合同的订立和履行	掌握
10	工程施工合同管理	工程施工合同示范文本	掌握
		工程施工合同订立和履行	掌握
11	工程物资采购合同管理	工程物资采购合同的订立和履行	熟悉
		国际工程货物采购合同	熟悉
12	工程分包合同管理	工程分包合同示范文本	熟悉
		工程施工分包合同的订立和履行	熟悉

3. 工程计量与计价

工程计量与计价属于工程造价管理理论与方法知识领域的主干课，是一门根据现行计量与计价规范及相关费用构成等规范性文件确定建设项目各阶段造价的课程，知识单元、知识点及学习要求见表 3-6。

表 3-6　工程计量与计价的知识单元、知识点及学习要求

序 号	知 识 单 元	知 识 点	学习要求
1	工程费用构成与计算	建筑安装工程费用组成	掌握
		费用计算	熟悉
2	工程投资估算与概预算	投资估算的编制	掌握
		施工图概算、预算的编制	掌握
3	建设工程工程量清单计价规范	工程量清单与综合单价	掌握
		工程量清单的作用和适用范围	熟悉

（续）

序　号	知识单元	知识点	学习要求
4	工程量清单的编制与计价	工程量清单的编制	掌握
		工程造价的计算	掌握
5	建筑面积计算规范	计算建筑面积的范围与方法	掌握
		不计算建筑面积的范围	掌握
6	工程量清单计算规范	专业工程分部分项工程量计算规范	掌握
		措施项目计算规范	掌握
7	招投标阶段的工程估价	招标控制价	掌握
		投标价	掌握
8	合同价款的确定与调整	合同价款类型	熟悉
		合同价款的确定方法	掌握
		合同价款的调整	掌握
9	建设工程结算	工程价款的主要结算方式	掌握
		工程计量与结算	掌握
		竣工结算编制与复核	掌握

4. 工程造价管理

　　工程造价管理属于工程造价管理理论与方法知识领域的主干课，是一门综合提炼及应用其他主干课的知识进行建设工程各个阶段造价确定与控制实施的课程。该门课程的知识单元、知识点及学习要求见表 3-7。

表 3-7　工程造价管理的知识单元、知识点及学习要求

序　号	知识单元	知识点	学习要求
1	工程造价管理概述	工程造价管理的发展	了解
		工程造价管理体系	熟悉
2	建设工程决策阶段造价管理	项目策划与可行性研究	熟悉
		投资估算的审查	掌握
3	建设工程设计阶段造价管理	建设工程限额设计	了解
		价值工程与优化设计	掌握
		设计概算的审查	熟悉
4	建设工程招投标阶段造价管理	工程施工招标策划	掌握
		工程投标报价策略	掌握
5	建设工程施工阶段造价管理	施工组织设计的优化	熟悉
		资金使用计划的编制	掌握
		工程计量与价款结算	熟悉
		工程变更与索赔管理	掌握
		工程费用偏差分析	掌握

（续）

序　号	知 识 单 元	知 识 点	学习要求
6	建设工程竣工验收与决算管理	竣工验收与竣工结算审查	熟悉
		竣工决算与保修管理	熟悉
7	工程造价审计	工程造价审计的实施	熟悉
		工程造价审计的内容	熟悉
8	工程造价资料管理	工程造价资料的积累和分析	熟悉
		工程造价资料的应用	熟悉
9	工程造价风险分析与管理	工程造价构成要素的不确定性与风险管理	熟悉
		工程造价风险分析及管理技术	掌握

5. 建设项目管理

建设项目管理属于工程造价管理理论与方法知识领域的主干课。建设项目管理的目的是通过对建设项目施工活动进行全过程、全方位的计划、组织、控制和协调，使建设项目在约定的时间和批准的预算内，按照要求的质量，实现最终的建筑产品，使项目取得成功。该门课程的知识单元、知识点及学习要求见表 3-8。

表 3-8　建设项目管理的知识单元、知识点及学习要求

序　号	知 识 单 元	知 识 点	学习要求
1	建设项目管理引论	建设项目管理的含义、类型和任务	掌握
		建设项目建设程序	掌握
2	建设项目组织管理	建设项目组织形式和组织形式的选择	掌握
		项目经理与项目团队	熟悉
3	建设项目实施模式	设计-施工分离承包模式	掌握
		工程总承包模式	掌握
		新型承发包模式	了解
4	建设项目费用控制	建设项目费用控制的特点、原则及内容	掌握
		建设项目费用控制基本方法	掌握
5	建设项目进度控制	进度目标及进度控制体系	掌握
		进度计划编制方法	掌握
		进度控制方法与措施	掌握
6	建设项目质量控制	建设项目质量控制的基本内容、施工质量验收标准	掌握
		建设项目施工质量控制的系统过程、原理和方法	掌握
		建设项目质量问题和质量事故的处理	熟悉
		建设项目质量控制的统计分析方法	掌握
7	建设项目风险管理	项目风险的类型与管理程序	掌握
		项目风险识别、分析与评估	熟悉
		项目风险应对策略及监控方法	熟悉
8	建设项目信息管理	建设项目信息管理内容	熟悉
		建设项目信息管理系统相关内容	熟悉

6. 工程安全与环境保护

工程安全与环境保护属于法律法规与合同管理知识领域的主干课。建设项目建设过程中，需要遵守工程安全与环境保护相关国家法律法规，相关工作会对工程建设项目的造价确定与控制产生影响。该门课程的知识单元和知识点及学习要求见表3-9。

表3-9　工程安全与环境保护的知识单元、知识点及学习要求

序　号	知 识 单 元	知 识 点	学习要求
1	工程建设安全管理引论	国家安全生产方针、原则、法规、标准	熟悉
		工程建设安全管理体系	熟悉
		安全管理的理论与方法	掌握
2	工程建设安全生产管理	工程建设安全生产管理目标	掌握
		工程建设安全生产监督管理与职责	熟悉
		工程建设安全生产教育培训	熟悉
		工程建设安全生产及文明施工管理	掌握
		工程建设安全生产及文明施工检查	了解
3	施工安全技术与管理	土石方工程施工	掌握
		高处作业的安全	掌握
		脚手架工程	掌握
		模板工程	掌握
		建筑工程拆除安全技术	掌握
		施工用电	熟悉
		施工机械的使用	了解
4	工程建设安全事故管理	工程建设安全事故分析	熟悉
		工程建设安全事故控制	掌握
		工程安全保障制度及重特大事故调查处理制度	了解
5	职业健康安全管理	职业健康安全管理要素	掌握
		职业健康安全管理体系	掌握
		职业健康安全事故管理	熟悉
		施工企业职业安全健康管理体系实施	熟悉
		施工单位在劳动安全健康方面的职责	熟悉
6	工程建设环境管理与环境保护	工程建设环境管理的含义、内容	掌握
		工程建设项目环境管理体系的建立与运行	熟悉
		工程建设项目环境保护管理的目的与意义	掌握
		环境影响评价	掌握
		工程建设项目环境保护规划与设计要求	了解
7	项目施工的环境管理与环境保护验收	施工环境管理的要求与标准	熟悉
		施工现场环境管理	掌握
		建设项目竣工环境保护验收	掌握

7. 工程定额原理

工程定额原理属于工程造价管理理论与方法知识领域的主干课，是工程计量计价课的前设课程。该门课程的知识单元、知识点及学习要求见表3-10。

表3-10 工程定额原理的知识单元、知识点及学习要求

序 号	知 识 单 元	知 识 点	学习要求
1	工程定额概论	工程定额的作用和分类	掌握
		工时研究和施工过程分解	熟悉
2	施工定额	施工定额的作用和编制原则、依据	熟悉
		劳动定额、材料消耗量定额、机械台班消耗量定额	掌握
3	预算定额	预算定额的作用和编制原则、依据	熟悉
		工料机消耗量、预算定额单价的确定	掌握
		预算定额的组成与应用	熟悉
4	概算定额和概算指标	概算定额及其应用	掌握
		概算指标及其应用	掌握
5	建筑安装工程费用定额	建筑安装工程费用定额的编制	掌握
		费用定额的应用	熟悉

8. 施工方法与组织

施工方法与组织属于工程造价管理理论与方法知识领域的主干课。施工方法是施工方案的核心内容，它对工程的实施具有决定性的作用。施工组织是根据批准的建设计划、设计文件（施工图）和工程承包合同，对土建工程任务从开工到竣工交付使用所进行的计划、组织、控制等活动的统称。具体而言，就是以一个工程的施工组织设计为对象，科学编制出指导施工的技术纲领性文件，合理地使用人力、物力、空间和时间，着眼于工程施工中关键工序的安排，使之有组织、有秩序地完成施工。该门课程的知识单元、知识点及学习要求见表3-11。各高校可根据自身办学特色修改施工方法部分的要求，如将桥隧工程、路面与隧道工程的学习要求调整为"掌握"，装饰工程、设备安装工程的学习要求调整为"了解"等。

表3-11 施工方法与组织的知识单元、知识点及学习要求

序 号	知 识 单 元	知 识 点	学习要求
1	施工方法	土石方工程	掌握
		基础工程	掌握
		砌筑工程	掌握
		混凝土结构工程	掌握
		装饰工程	掌握
		设备安装工程	掌握
		防水工程	掌握
		桥隧工程	了解
		路面与隧道工程	了解

（续）

序　号	知识单元	知　识　点	学习要求
2	流水施工	组织施工的方法及特点	熟悉
		流水施工参数的概念，流水步距、流水施工工期的计算	掌握
3	网络计划技术	网络图的绘制规则和方法	熟悉
		网络计划时间参数的计算方法、关键线路和关键工作的确定方法	掌握
		双代号时标网络计划的绘制与应用	掌握
		网络计划优化的方法	熟悉
		单代号搭接网路计划时间参数的计算	了解
4	施工组织总设计	施工组织总设计的主要内容和方法	掌握
		施工组织设计的技术经济评价	掌握
5	单位工程施工组织设计	单位工程施工组织设计的主要内容和编制方法	掌握
		施工方案的选择	掌握
		施工进度计划安排	掌握
		资源需求计划的编制	掌握
		施工现场平面图布置	掌握
6	计算机辅助施工组织设计	计算机辅助施工组织设计常用软件特点	了解
		计算机辅助施工组织设计有关软件的主要功能	熟悉

9. 计算机辅助工程造价

计算机辅助工程造价属于工程造价信息化技术知识领域的主干课。在工程计量与计价主干课讲授之后，讲授工程造价专业软件的应用非常有必要。该门课程的知识单元、知识点及学习要求见表 3-12。

表 3-12　计算机辅助工程造价的知识单元、知识点及学习要求

序　号	知识单元	知　识　点	学习要求
1	工程计量软件（以建筑工程为例）	工程计量软件的基本介绍	熟悉
		房屋建筑工程图形模型的计算机输入——基线布置、各类基础	掌握
		房屋建筑工程图形模型的计算机输入——墙、梁、柱	掌握
		房屋建筑工程图形模型的计算机输入——楼板、屋面	掌握
		房屋建筑工程图形模型的计算机输入——门、窗及其他	掌握
		房屋建筑工程图形模型的计算机输入——钢筋算量	掌握
2	工程计价软件	工程计价软件基本介绍	熟悉
		定额库的维护	掌握
		工程量的导出与套价计算	掌握
		工程量清单表及其他各类报价表的生成	掌握

10. 设备安装

设备安装属于建设工程技术基础知识领域的主干课。学习设备安装的知识有助于工程造价专业的学生更好地识读安装工程施工图和进行安装工程的计量与计价。该门课程的知识单元、知识点及学习要求见表 3-13。

表 3-13　设备安装的知识单元、知识点及学习要求

序　号	知 识 单 元	知 识 点	学习要求
1	管材、管道附件及常用材料	钢管、铸铁管及管件	掌握
		常用非金属管	掌握
		板材和型钢	掌握
		阀门与仪表	掌握
2	管道加工及连接	钢管、铸铁管的加工及连接	熟悉
		常用非金属管加工及连接	熟悉
3	供热管道及设备的安装	室内供热系统的安装	掌握
		室外供热管道及设备的安装	熟悉
4	通风空调管道及设备安装	风管及配件的加工制作	了解
		通风空调管道安装	掌握
		洁净空调系统安装的特殊要求	了解
		通风及空调设备的安装	掌握
		通风空调系统的试运行	掌握
5	制冷设备及管道安装	活塞式制冷系统的安装与试运行	掌握
		其他形式制冷机组的安装	了解
		热泵施工安装技术简介	掌握
6	建筑室内外给水排水管道及设备安装	室内给水管道及设备安装	掌握
		室内排水管道及卫生器具的安装	掌握
		室外给水管道的安装	掌握
		室外排水管道的敷设	掌握
		室内外给水排水管道的试压与验收	熟悉
7	室内外燃气管道及设备的安装	室外燃气管道及设备的安装	掌握
		室内燃气系统的施工安装	熟悉
8	管道及设备的防腐与保温	管道及设备的防腐	掌握
		管道及设备的保温	掌握

11. 建筑结构

建筑结构属于建设工程技术基础知识领域的主干课。学习建筑结构的知识有助于工程造价专业的学生更好地识读施工图和计算工程量，如有梁板的计算、钢筋的计算等。该门课程的知识单元、知识点及学习要求见表 3-14。

表 3-14 建筑结构的知识单元、知识点及学习要求

序号	知识单元	知识点	学习要求
1	混凝土结构的基本设计原理	混凝土结构设计规范所采用的设计表达方式	熟悉
		荷载的分类及其标准值	熟悉
		材料强度的标准值与设计值	熟悉
2	轴心受力构件承载力计算	轴心受压构件的承载力计算	掌握
		轴心受拉构件的承载力计算	掌握
3	受弯构件承载力	受弯构件破坏试验	掌握
		受弯构件正截面承载力	熟悉
		受弯构件斜截面的承载力	熟悉
4	偏心受力构件承载力	偏心构件正截面承载力	熟悉
		偏心构件斜截面承载力	熟悉
5	混凝土构件变形及裂缝宽度验算	受弯构件变形验算	熟悉
		裂缝宽度验算	掌握
6	预应力混凝土构件	预应力混凝土构件基本原理	熟悉
		预应力混凝土构件构造要求	掌握
7	梁板结构设计	单向板肋梁楼盖设计	掌握
		双向板肋梁楼盖设计	熟悉
		装配式楼盖设计	熟悉
8	单层厂房结构设计	单层厂房的结构组成和结构布置	掌握
		厂房柱设计	熟悉
		柱下独立基础设计	掌握
9	混凝土多高层房屋结构设计	混凝土多高层房屋结构体系及其布置	掌握
		混凝土多高层框架结构截面设计	熟悉
		混凝土多高层框架结构构造设计	熟悉
		混凝土多高层框架结构抗震设计	了解
10	砌体结构设计	砌体结构承重体系	熟悉
		砌体结构的静力方案	熟悉
		砌体结构的构造措施	熟悉
		砌体结构，如抗震设计	熟悉
		过梁、挑梁的设计	了解

12. 建设法规

建设法规属于建设法规与合同管理知识领域的主干课。工程建设需要熟悉现行建筑领域相关的法律法规，需要全面系统地了解建设工程全生命周期各阶段相关法律制度，需要从工程建设程序、工程建设执业资格、城市及村镇建设规划、工程发包与承包、工程勘察设计、

工程建设监理、建设工程质量、工程建设安全生产和建设工程合同管理等方面进行全面梳理。该门课程的知识单元、知识点及学习要求见表3-15。

表 3-15　建设法规的知识单元、知识点及学习要求

序　号	知　识　单　元	知　识　点	学习要求
1	建设法规引论	建设法规体系	熟悉
		建设法律体系	掌握
2	城乡规划法	城乡规划的制定和实施	熟悉
		城乡规划的监督管理	熟悉
3	土地管理法规	土地的所有权和使用权	熟悉
		土地利用和保护	熟悉
		建设用地违法的责任和处理	掌握
4	工程咨询法律制度	建设项目可行性与评价研究制度	熟悉
		工程勘察设计法律制度	了解
		工程监理制度	掌握
5	建筑法律制度	建筑工程发包与承包制度	掌握
		建筑工程施工许可	熟悉
		建筑工程监理	熟悉
		建设工程质量与安全生产管理	掌握
6	建筑市场准入制度	建筑业企业资质管理	熟悉
		建筑业从业人员资格管理	掌握
7	建设工程招投标法律制度	建设工程招标与投标	掌握
		建设工程开标、评标和中标	掌握
8	建设工程质量管理法规	质量体系认证制度	熟悉
		建设工程质量监督管理	熟悉
		建设行为主体的质量责任与义务	掌握
		建设工程质量保修及损害赔偿	掌握
9	城市房地产管理法规	房地产开发用地	熟悉
		房地产开发	熟悉
		城市房屋征收	掌握
		房地产交易	掌握
		房地产权属登记管理	熟悉
		物业管理服务	熟悉
		房地产中介服务	熟悉
10	市政工程建设法规及工程建设其他法规	市政工程建设法规	熟悉
		工程建设其他法规	了解

（续）

序　号	知 识 单 元	知　识　点	学习要求
11	环境保护与建筑节能法规	水污染、噪声污染、固体废物防治	熟悉
		建设项目环境保护及评价	掌握
		建筑节能法规	了解

13. 建筑信息模型（BIM）技术应用

建筑信息模型（BIM）技术应用属于工程造价信息化技术知识领域的主干课。建筑信息模型（BIM），是指通过数字信息仿真模拟建筑物所具有的真实信息。信息的内涵既包括几何形状描述的视觉信息，还包含大量的非几何信息，如材料的耐火级、材料的传热系数、构件的造价、采购信息等。实际上，BIM 就是通过数字化技术，在计算机中建立一个建筑信息模型，该建筑信息模型提供了一个单一的、完整的、一致的、具有逻辑的建筑信息库。该门课程的知识单元、知识点及学习要求见表 3-16。

表 3-16　BIM 技术应用的知识单元、知识点及学习要求

序　号	知 识 单 元	知　识　点	学习要求
1	BIM 的特点及应用领域	BIM 的基本原理及特点	熟悉
		BIM 的应用领域和发展趋势	了解
2	BIM 技术在设计阶段的应用	BIM 协同设计原理	熟悉
		BIM 三维设计	了解
		基于 BIM 技术的设计优化及设计纠错	了解
3	BIM 技术在施工阶段的应用	基于 BIM 技术的施工组织（施工规划）设计	熟悉
		基于 BIM 技术的建设项目质量、成本、进度控制	掌握
		基于 BIM 技术的施工安全与环境管理	熟悉
		基于 BIM 技术的工程合同与信息管理	了解
4	BIM 技术在造价管理中的应用	基于 BIM 技术的工程计量与计价	掌握
		基于 BIM 技术的工程造价动态控制与全过程管理	掌握
		基于 BIM 技术的建设项目成本优化	熟悉
5	BIM 技术在相关领域的应用	BIM 与智慧城市	了解
		BIM 与云计算	了解
		BIM 与建筑设施管理	了解

本章小结

本章介绍工程造价专业培养方案，分别从培养目标与培养规格、课程体系、主干课程介绍 3 个层面进行。通过本章的学习，学生能够明晰大学专业学习需要达到的能力目标，能够对专业课程体系有宏观的认识，并制定大学学习的个人目标。

思考题

1. 理解阐述工程造价专业的培养目标。
2. 在了解管理科学与工程类人才培养规格的基础上，简述工程造价专业人才培养规格。
3. 在了解管理科学与工程类课程体系的基础上，简述工程造价专业课程体系。
4. 工程造价专业有哪些主干课程？

第4章
工程造价专业学习指导

4.1 工程造价专业的学习目标

当前，新工科建设对工程造价专业人才综合能力、分析与解决实际问题的能力提出了新的要求。工程造价管理贯穿于工程项目建设的全过程、全周期，工程造价专业具有经济性、管理性、技术性等特点，这就要求工程造价专业学生在新工科理念下，要具备扎实的专业技能、全过程工程造价管理的思维，以及学科交叉融合能力和创新能力，同时兼具良好的思想道德和职业素养。

4.1.1 具备扎实的专业技能

工程造价专业是工程技术与工程管理融合的学科，工程造价专业的学生应具有工程技术、工程管理、法律法规等方面的知识。今后，作为具有职业资格的造价工程师，需要对工程项目担负起"全方位、全过程"造价管理的责任。

扎实的专业技能是造价从业人员的安身立命之本，造价的准确性、有效性是工程能否满足预期效益、实现项目成本目标、顺利运营的关键。高等院校工程造价专业的学生在专业技能方面的学习和积累容易出现下列问题：

1）缺乏现场施工经验，对施工方案、工程做法及施工程序了解不深，影响对工程量计算规则的理解，尤其影响计价过程中对综合单价及相关费用的判断能力。例如，土方工程的清单工程量及综合单价的确定，与挖土方类型、土方堆放、场内运输、场外运输及运距均有关系，施工方案中的土方平衡会影响土方工程的计量与计价。扎实的专业技能应该包括对施工经验有意识地积累（对课堂知识的提炼、在实践环节的学习）。

2）对规范、标准的重视度不够。例如，钢筋的计算需要查阅钢筋平法图集，建筑装饰做法需要查阅设计图集，一份施工图甚至会涉及几十本标准图集。但由于图集与规范不是教材，学生往往意识不到这些与造价的关系，很少去深入学习，没有养成查阅图集、规范的意识。

3）对现行造价相关文件的敏感度不够高。《建设工程工程量清单计价规范》（GB 50500—2013）"9.2 法律法规变化"中，对法律法规的界定是广义的，包括国家的法律、法规、规章和政策。因此，工程造价专业的学生不仅需要掌握造价相关的法律法规，还需要动态了解相关的行业政策。建筑行业的转型升级、市场化改革，都以国家出台的相关政策为依据，工程造价专业的学生需要了解造价相关政策与市场的调整，满足国家与市场对于工程造价的要求。

工程造价专业的学生需要有意识地去避免上述专业技能学习过程中容易出现的问题。

4.1.2　具备全过程工程造价管理的思维

随着建筑行业精细化管理的推进，工程造价管理与控制在行业的地位越来越高，引起了建设各参与方的高度重视。对于具体工程建设项目，工程造价管理是全过程的动态控制，工程造价人员需要在工程的投资决策、设计、施工、竣工等阶段采用科学有效的措施对工程造价进行全过程的控制与管理，帮助建设单位实现其经济目标，帮助建筑企业提高成本控制能力、增强市场竞争力。

国内传统的工程造价咨询委托以分阶段委托为主，可行性研究、初步设计、施工图设计、招标代理、招标控制价编制、监理、（施工）造价咨询等各项服务分别委托，各服务方均以阶段性成果为服务目标，无法实现项目高性价比交付的终极目标。

建设项目全过程工程造价咨询指由专门从事造价咨询业务的公司接受委托，对项目从前期到实施、到竣工的每个阶段的造价开展全过程的监督管理，并提供关于造价方面的决策咨询意见。

在项目决策阶段，需要综合考虑建设项目信息，对项目的造价进行客观公正的评估，设计工程造价管理的长期战略，并将其贯穿至项目的其他阶段中。工程造价需要具有可行性，要充分考虑项目委托方的要求、项目的造价风险、项目的发承包价格。

在项目设计阶段，需要贯彻造价管理前置的思想，努力减少后期工程造价的难度。在进行工程造价过程中一般应该把握以下内容：①以限额为导向；②了解委托方设计意图；③掌握设计图中所设计的项目；④对于市场动态因素进行预测；⑤将项目变更等所带来的风险因素考虑到其中。

在项目招投标阶段，工程造价需要重视以下要点：①协助业主合理编制工程承包合同，避免招标合同出现漏洞，严格规范合同内容，确保合同的严谨性，为业主有效规避经济纠纷事件；②工程量清单的编制需严格遵循完整、清晰、准确等各项原则；③工程量清单编制过程中设计图若存在建筑结构不一致、施工方法不唯一、设计不明确等情形，需与设计方及时沟通，建议设计部门将计算依据、处理结果统一在工程量清单中列明；④在招标控制价编制阶段，需依据实际情况并结合工作经验，找出设计图中存在的问题，并与建设单位、设计单位及时沟通。

在项目建设阶段，遵从前期、中期、后期的工程造价目标进行工程造价管理，将前期阶段所做的管理方案与实际施工方案相结合，进行如下管理：①进行合同管理，既要保证合同的完整性、合理性，又要保证合同条款的可行性，充分利用可调价款、固定价款的合同签订方式；②进行材料管理，深入调研材料市场，了解材料的市场价格，采购合理价位区间的材料，降低施工成本；③进行施工方案造价管理，对施工方案的造价控制需注重企业经济、技术的合理性与协调性，采取有效措施，在保障工程质量的同时，合理利用现有资源，保障施工方案全面管控的实效性，提升施工阶段工程造价质量。

综上所述，从项目的全过程出发进行工程造价管理，在决策、设计阶段就考虑到实施阶段的需求，努力减少实施阶段对设计阶段的更改反馈。工程造价管理是一项综合性和专业性很强的系统工程。随着科学技术不断发展，建筑行业也在发生着日新月异的变化，建筑行业迫切需要高水平高素质的工程造价方面的专业人才，这就要求工程造价专业的学生具有全过程工程造价思维。

工程造价专业的学生在学习过程中需要掌握全过程工程造价管理的方法和技术，培养自己的全过程工程造价管理意识。工程造价专业的学生未来应该能够与各方积极协调沟通，对工程全过程乃至全生命周期做工程造价管理。

4.1.3 具备良好的综合素质

学生除了需要具有高水平的专业理论知识、较强的专业实践能力以外，还应该培养良好的综合素质。这将有利于学生的职业发展，有利于提高学生今后职业生涯中的工作效率和学习效率，有利于学生毕业后尽快从职场中脱颖而出。

综合素质包括专业素质、科学文化素质、思想道德素质、心理素质，建筑行业对应届工程造价专业毕业生素质需求见表4-1。

表4-1　建筑行业对应届工程造价专业毕业生素质需求

素质需求	主要内容
专业素质	具有完整的专业知识结构体系，熟练掌握造价原理和方法，熟练掌握制图软件、算量软件、计价软件，具有全过程造价管理意识
科学文化素质	合理的知识结构，持续学习、终生学习的能力，创新能力
思想道德素质	良好的事业心和责任感、吃苦耐劳的精神，良好的团队合作协调能力，对国家政策的理解和执行能力，对社会的发展趋势的敏锐性
心理素质	能够正确评价自我，具有一定的心理调节能力，能够正确对待挫折，有毅力、有信心，胸襟开阔、豁达大度、心态积极乐观

1. 专业素质

形成良好的专业素质需要具备扎实的专业技能基础。学生可以通过大学四年课程的学习，在实践环节积极将理论与实践相联系，坚持深耕专业知识，以形成良好的专业素质。专业素质是综合素质的首要素质，大学四年，专业学习的主要目的就是形成工程造价专业的全过程造价管理专业素质。第4.1.1节阐述了在专业技能学习和掌握过程中容易出现的问题，这些也是专业素质形成过程中需要注意的问题。

2. 科学文化素质

科学文化素质可以表现为可迁移能力。可迁移能力指能够从一份工作中转移运用到另一份工作中的、可以用来完成许多类型工作的技能。学习是一个连续的过程，在这一过程中，任何学习都是在学习者已经具有的知识经验和认知结构、已经获得的动作技能、习得的态度等基础上进行的。新的学习过程及其结果又会对学习者原有知识经验、技能、态度甚至学习策略等产生影响。

时代在前进，世界在变化，国家的相关政策随着建筑市场的变化也渐渐发生改变。在这样一个竞争激烈、时刻变化的社会，学生若不持续学习，所学的知识会落伍，技术会被逐渐淘汰。因此，在学校期间所学的知识需要与时俱进，而持续的学习要求学生能够保持自律。在大学中，许多学生缺乏自律性，主要有以下两方面原因：

一方面，学生缺乏自主的决策和规划能力，不知道该选择什么样的学习方式和生活方式。这样容易导致很多学生在高中毕业进入大学后，不知道怎样学习而丧失了自律的好习惯。

另一方面，大部分学生都不喜欢被人管着学，但由于自身能力不足，不能有效地进行自我管理，导致陷入一种自我矛盾当中。自制力较差的学生面对需要长时间努力才能潜移默化地提升的学习或实践活动时，不能沉下心来去积累，并且缺乏挑战自我和面对挫折的勇气，在成长过程中遇到困难时，逃避和推辞就成了主要的解决办法。

因此，工程造价专业的学生塑造终身学习的理念，要从思想层面认识到工程造价工作的必要性与重要性，保持自律，制订学习与工作目标，加强自我管理能力，遇到困难需要及时反思总结，及时查漏补缺，从工作质量、沟通协调、政策学习、专业技能等方面进行目标量化考核，提高自己专业能力，持续学习。

学习过程中，可迁移能力是知识应用能力的一种体现，与职业学习不同，大学学习注重素质培养，可迁移能力的形成尤为重要。

目前，公认的四种主要的可迁移能力为交流和表达能力（口头、书面和图解）、团队工作和人际能力、组织管理和计划能力、思维能力和创新能力。首先，用人单位关注的是交流和表达能力、团队工作和人际能力。造价从业人员需要与各单位协调交流，确定造价的数据来源、数量的准确性，因此企业非常欢迎性格开朗、表达能力好的大学生。其次，用人单位关注的是组织管理和计划能力、思维能力和创造能力。工程造价是一项具有严密逻辑的工作，各项数据环环相扣，优秀的造价从业人员需要有缜密的思维、较强的组织管理和计划能力。调查结果显示，八成用人单位表示他们更喜欢可迁移能力较强的毕业生，即使他们的造价业务能力并不属于优秀级别，但是他们可以很好地融入环境之中，与团队形成整体，并在这个过程中不断巩固自身的专业能力。此外，可迁移能力也是毕业生在就业后升职中被看重的重要素质之一，可迁移能力强的造价毕业生，可以发展成优秀的造价管理人员。

可迁移能力中的创新能力也是非常重要的。图 4-1 所示是专业创新能力培养体系图。工程造价专业的学生在了解培养体系的同时，可以明确自己创新能力训练的教学、考核及实践形式和关键节点。

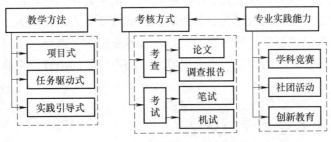

图 4-1　专业创新能力培养体系

3. 思想道德素质

除了培养可迁移能力以外，学生还应该加强专业知识和法制的学习来提高自身的职业素养和思想道德素质。一方面，学生需要加强专业知识的学习，提高自身的职业素养，从市场经济动态发展的方向出发，加强对工程技术、工程经济及管理知识的学习，培养自己的管理能力、沟通能力和组织能力。另一方面，学生要加强法制学习，提高法律意识，提倡廉洁从业。

良好的职业道德素质是各行各业的执业者都必须具备的，造价从业人员更是如此。做工程造价工作，不论资历多高，专业经验如何丰富，是否取得注册造价工程师执业资格，不论是身在建筑企业、造价咨询中介公司，还是在政府审计部门，都必须要有道德良知，必须秉持"客观公正、实事求是"的原则，所出具的造价成果，必须合法、合规，经得起检验。拥有良好的职业道德是工程造价专业的学生做好工程造价所必不可少的，而高尚的职业道德主要体现在以下几个方面：①正直、诚实、受人尊敬和有尊严；②公平、公正、诚实、守信地为公众服务；③努力提高职业能力，维护职业信誉；④建立有利于服务而不是不公平竞争的职业声誉；⑤有强烈的事业心和责任感。

在工作中时常会有造价从业人员在职业道德上难以自律，最终给项目带来损失，使公司的名誉受到损害。究其原因，在于他们迷失了价值取向，对理念操守感到迷茫。因此，工程造价专业的学生需要加强自我修养、培养高尚人格，将道德融入生活习惯中，修身律己，自觉向劳动模范学习优秀的道德观念。

重视自我修养。自我修养在中国传统文化中具有重要的地位和作用，是极为重要的传统美德。在现代社会中，自我修养在培养大学生自强不息精神、增强心理承受力、提高思想道德境界方面依然具有重要的意义。当代大学生应追求高尚人格、不断攀登人生高境界。虽然大学生思想、道德和心理等方面有了一定的水准，但是社会生活经验还不够丰富，思想还不够成熟，还存在明显的知行脱节的现象。比如在成才问题上，一方面具有强烈的成才愿望，另一方面又缺乏勤奋刻苦、勇攀科技高峰、耐得住清贫、耐得住寂寞的决心和恒心，这就需要学生不断学习，加强思想道德修养，完善自己。

学生只有加强自我修养、明确职业道德规范与操守、认清职业道德底线与原则，才会不为诱惑所动。

4. 心理素质

良好的心理素质也是工程造价从业人员所必备的。建筑业正朝着质量更好，建筑更复杂，要求更严格的方向发展。在工程量越来越庞大、成本管控越来越精细化、质量要求越来越严苛、造价越来越智能化的行业转型升级时期，造价从业人员知识更新的速度快，工作任务繁重，这对精神和身体都是一种考验。工程造价专业的学生需要一直以高标准严格要求自己，遵守造价职业道德要求的同时，也要以咬定青山不放松的精神，克服工作上的难题与精神上的压力。

4.2 工程造价专业的学习路径

依据《高等学校工程造价本科指导性专业规范（2015年版）》，工程造价专业的学习内容可分为知识体系、实践体系和创新训练三部分。工程造价专业的学生通过有序的专业理论课程、专业实践课程的学习和参与课外科技活动，实现知识的融合与能力的提升。

4.2.1　专业理论课程的学习

明确专业培养目标、明晰专业培养计划、理清各门课程的相互关系，有利于把握核心课程、掌握学习重点、系统地学好专业理论课。

1. 明确专业培养目标

《普通高等学校本科专业类教学质量国家标准》将管理科学与工程类专业的人才培养目标制定为：适应国民经济和社会发展的实际需要，注重学生综合素质的培养。《高等学校工程造价本科指导性专业规范（2015 年版）》则将工程造价专业培养表述为：具有较高的科学文化素养、专业综合素质与能力，能够在建设工程领域从事工程建设全过程造价管理的高级专门人才。

因此，工程造价专业本科人才的培养目标不仅仅是应用型人才或技术型人才，而是综合性人才。工程造价专业本科人才的综合性主要体现在两方面：一是具备很强的职业适应能力，要具备"懂施工、会计量、擅计价、会管理"的应用能力；二是具备不断提高造价管理、不断优化管理的创新能力，即在工作中，能接受新知识，提出可操作的新思路、新方法，不断优化管理意识。一个优秀的造价专业本科毕业生不仅要具备扎实的技术知识，更要具备法律、经济、管理、信息等多方面的综合知识，只有这样才能很好地实现其专业价值。

根据《国务院关于深化"证照分离"改革进一步激发市场主体发展活力的通知》（国发〔2021〕7 号），工程造价咨询资质在全国范围内正式取消，自 2021 年 7 月 1 日内实施。工程造价咨询企业今后会更加注重品牌效益，会更加重视对人才的培养，这会使造价工程师的地位逐步提高。同时，这也要求造价工程师不断提升个人素养和执业能力，打造自己的品牌。未来，工程造价咨询行业一定是一个拼品牌、拼质量、拼服务、拼人才的行业，工程造价专业的学生应该努力成长为真正有实力的造价工程师。

表 4-2 为二级造价工程师考试科目及考试内容，表 4-3 为一级造价工程师考试与工程造价专业理论课的对应关系。

表 4-2　二级造价工程师考试科目及考试内容

考试科目	考试内容
建设工程造价管理基础知识	工程造价管理相关法律法规与制度、工程项目管理、工程造价构成、工程计价方法及依据、工程决策和设计阶段造价管理、工程施工招投标阶段造价管理、工程施工和竣工阶段造价管理
建设工程计量与计价实务	专业基础知识、工程计量、工程计价

表 4-3　一级造价工程师考试与工程造价专业理论课的对应关系

序　号	考试科目	考试内容	工程造价专业理论课程
1	工程造价与管理相关知识	工程造价信息管理、工程技术经济、财务管理、项目管理、合同管理招投标法等法律法规	工程经济学、工程项目管理、工程招投标与合同管理、建设法规
2	建设工程造价的确定与控制	建设阶段的设计与决策、工程施工阶段的计价与控制、决算阶段的编制和完工后的费用等	建设工程计价基础与定额原理、计量计价类课程

（续）

序　号	考试科目	考试内容	工程造价专业理论课程
3	建设工程技术与计量	工程识图与构造、土木工程材料、建筑装饰工程施工技术、建筑施工组织设计、工程计量	工程制图、识图类课程、土木工程施工组织、建筑材料、计量计价类课程
4	建设工程造价案例分析	在全面学习工程造价基础理论的基础上，解决有关工程造价过程中各方面的实际问题能力	工程造价管理

表 4-2 中，从考试科目上看，二级造价工程师需要掌握造价管理基础知识和计量与计价实务。从考试内容上看，二级造价工程师不仅需要掌握工程造价专业知识，还需要掌握与造价相关的法律法规、项目管理知识。

表 4-3 中，高校的核心专业课程完全覆盖一级造价工程师考试科目内容要求。学生在工程技术、管理、经济、法律类科目中会学习到造价相关的基础知识，而在实践性环节中会学习到如何进行造价管理。因此，在校期间掌握各门专业课程，积极参与实践活动，可以为今后获得造价工程师职业资格做好准备。

2. 明晰专业培养计划

工程造价专业的课程设置主要以《高等学校工程造价本科指导性专业规范（2015 年版）》专业指导委员会本科教学体系设置科目为依据，由于专业学科背景、地区差异、培养特色、教学制度等因素，不同的高校，课程设置的侧重点会有所不同。表 4-4 选取了两类高校的工程造价本科专业课程体系进行对比分析。

表 4-4　工程造价本科专业课程体系对比

专业课程类别	专业指导委员会本科教学体系	设立于工学类学科和工科专业为主的院校	设立于经济学、管理学类学科为主体的院校
工程技术	土木工程概论、工程测量、工程材料、工程力学、工程施工技术、工程结构、工程制图、工程概预算、房屋建筑学、建筑设备	土木工程概论、工程测量、建筑装饰及材料、建筑力学、施工组织、建筑给排水及施工、建筑结构、建筑与安装工程制图与识图、工程计价与计量（建筑与装饰、通用安装、市政等）、房屋建筑学、建筑工程与电气施工、土力学地基基础、施工机械	工程力学、建筑装饰施工技术、混凝土结构基本原理、工程估价（建筑、装饰、安装）、房屋建筑学
工程管理	工程项目管理、国际项目管理、工程项目合同管理、财务管理、工程估价	建设项目管理、工程招标投标与合同管理、工程财务、工程造价管理、监理概论	工程项目管理、工程合同管理、工程财务管理、工程成本规划与控制、工程项目融资、工程项目审计、工程造价国际管理惯例

（续）

专业课程类别	专业指导委员会本科教学体系	设立于工学类学科和工科专业为主的院校	设立于经济学、管理学类学科为主体的院校
工程经济	工程经济、经济学、金融与保险	工程经济学、投资管理学、运筹学、工程项目融资	经济学、工程经济学、建筑经济学、运筹学、统计学、会计学
工程法律	招投标法、合同法、建筑法、经济法	工程建设法规	经济法、建设法规
其他		组织行为学、人力资源管理、建筑企业管理、专业外语、计算机辅助工程造价	专业外语、人力资源管理、工程项目风险管理、造价软件与信息管理
实践性环节		课程设计：施工实习、房屋建筑与装饰工程造价、通用安装工程造价、市政工程造价、园林绿化造价、毕业实习与毕业设计	课程设计：工程可行性研究与综合评估、建筑与装饰工程估价、工程项目管理、建设工程合同管理、建设工程成本规划与控制

根据表 4-4 进行对比分析知

1）学生需要学习的专业理论课程类别无明显区别，主要分为五大类别：工程技术、工程管理、工程经济、工程法律、其他。专业指导委员会本科教学体系主要设置了前三个环节的课程安排，对其他类别的课程没有规定。

2）相比于设立在经济学、管理学类学科为主体的院校，设立在工学类学科和工科专业为主的院校的工程造价专业的理论课程更加注重工程技术类课程的学习、更加注重实践性能力的培养。因此，学生精力会更多地放在工程技术的学习上，会具备较扎实的工程技术基础，但同时需要提升工程管理类课程的学习。

3）对于设立于经济学、管理学类学科为主体的院校的工程造价专业，考虑学科需求会多一些，更多注重实践应用能力的培养。工程造价专业的人才培养模式有很多，通常有研究型、应用型、产学研合作型、卓越工程师型及创新型等，各学校可根据自身的实际情况制订培养计划并组织实施，创造鲜明的院校特色。

3. 理清各门课程的相互关系

虽然从课程的内容来看，每门课程的学习都有重要意义，都是工程造价专业必不可少的知识，但是理清课程之间的内在联系，把握课程学习的侧重点也有重要的意义。专业课程之间存在一定的联系，共同形成完整的知识体系，图 4-2 所示，是工程造价专业课程体系图，表达了课程之间的相互关联，展示了工程造价专业的课程体系。

学生在专业学习的过程中，常常忽略了专业课程之间的联系纽带，造成每门课的孤立学习。有的学生忽视理论课学习，重视实践课的体验，但由于理论基础不够扎实，对专业知识（造价原理与规范）存在一知半解的情况，就无法很好地理论联系实际。因此，学生需要了解不同课程的关联，了解基础课程、专业基础课程、专业核心课程的划分，这有利于掌握学习方向、明确学习侧重点、提高学习效率。

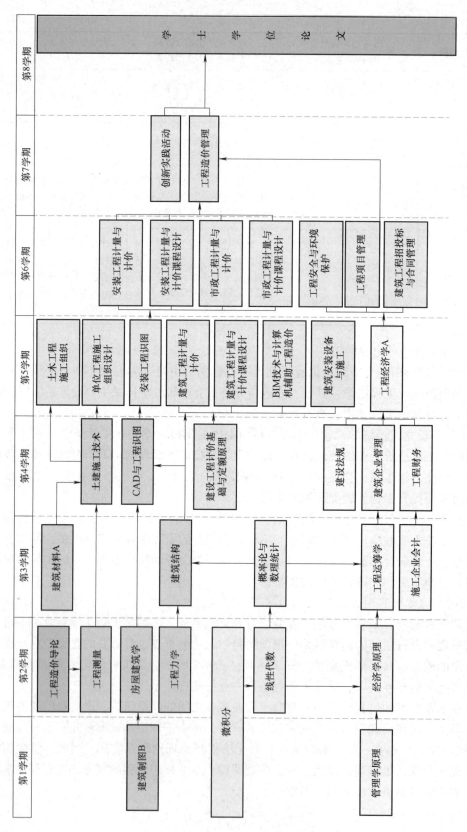

图4-2 工程造价专业课程体系

要成为优秀的造价工程师并且具有强大竞争力，除需要具有熟练的操作能力之外，还必须具备前瞻性的管理思维，能够"算"与"节"并重。"算"即准确计算工程项目各阶段的价格，编制造价文件，"节"即通过先进的管理理念实现全过程造价管理。

学生需要学习建筑制图与识图来了解图纸，学习房屋建筑学掌握房屋构造原理，学习建筑施工技术了解施工工艺与技术，学习建筑材料了解材料特性，上述四个课程均为"算"的基础知识。在学习算量、计价时，学生需要掌握计量与计价类课程及计量计价软件的操作。计量计价软件是提高工程造价确定效率的有效工具，通过实践可以熟练掌握。在学习了招投标与合同管理及建设工程法律法规之后，学生不仅懂得算量算价还懂得了管理，这为学生学会"节"打下坚实的基础。工程造价专业课程关系如图 4-3 所示。

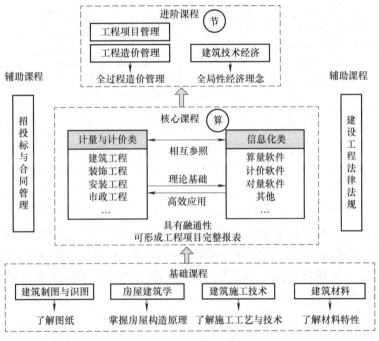

图 4-3　工程造价专业课程关系

综上所述，学生需要在学习好基础课程的前提下，掌握核心课程，为成为拥有全局性经济管理理念的全过程造价管理人员做好知识储备。

4.2.2　专业实践课程的学习

大学生所处的阶段及工程造价专业的特殊性决定了工程造价专业学生需要重视实践能力的培养。

一方面，大学生拥有着足够长的时间来学习造价理论知识，拥有扎实理论基础的学生毕业后参加工作的后劲更足、晋升的潜力更大，但是这个阶段的学生花费在理论学习上的精力会远大于实践活动，学生的实践能力偏弱。

另一方面，工程造价专业是偏应用的专业。实践是造价理论的来源，而理论知识产生于实践的需要。学生们需要通过参加实践活动去认清造价基础知识的重要性及必要性，掌握造价的方法和规律。实践也是造价理论发展的动力，理论知识是随着时间而发展的。新的政策、新版本的清单和定额的提出，以及新的造价软件的开发都会对造价行业带来影响。仅仅学习学校的知识是远远不够的，学生们需要主动培养实践能力（如造价技能应用能力），积极了解行业动态，提高自己的专业技能。

实践能力的培养需要重视专业实践课程的学习。图4-4所示是工程造价专业实践课程体系及逻辑示意图。工程造价的学生在课程设计、实习、毕业设计初期就需要了解实践的目的及内容，并主动高质量地完成实践，实践环节的学习效果受学生主动性、应用能力、总结提炼能力及创新能力的影响很大。

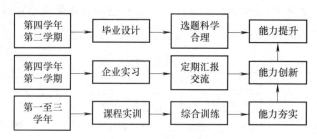

图 4-4　工程造价专业实践课程体系及逻辑

实践课程是理论课程学习的补充及反馈。在专业课程的日常学习中，学生需要结合实际的案例进行学习，首先，积极消化课堂中的案例；其次，主动利用互联网和图书馆资源，搜集相应的实际工程案例；最后，通过课程设计和毕业设计对专业课程的学习进行查漏补缺。学生通过在造价咨询公司、施工单位、建设单位实习，将学校的理论知识实际应用到相应的工程中，同时，在实际工程项目中学习的技能可以巩固书本上的专业知识。

学生还应该关注行业的最新动态，了解最新发布的造价政策、定额的变化及造价相关软件的更新。根据行业的最新要求，学生应该准备好相关专业书籍，如 BIM、智能造价等行业热点的专业书籍，方便在实际操作中查阅，通过了解的行业信息，不断更新自己的专业知识，不断强化自己的实践能力。

4.2.3　课外科技活动的参与

为了使学生能够适应社会的需要、提高学生的专业能力与综合素质、实现培养目标，除了设置实践教学环节外，很多高校还会运用校企合作模式（如教学实习基地建设、企业定制培养、项目委托与合作等）对学生进行多元化的培养，运用专家疏导模式（如学校聘请行业专家、研究人员、高级管理人员等担任客座教授或导师）帮助学生聚焦行业重难点及了解行业前沿，运用研发力量集成模式（如将人才、基地和项目捆绑组建国家和地区科技创新平台）对学生进行针对性的培养。这些都是学校提供给学生的难得的实践能力培养渠道，需要学生主动了解和积极参与。

学生还可以通过积极参加竞赛，提高自己的专业、综合能力及创新能力。

竞赛可以分为两大类，一类有利于提高学生的造价技能，另一类有利于提高学生的综合能力。

主要的全国造价技能的竞赛见表4-5。学生可以了解和参与各种比赛，了解行业热点、对从业人员的要求等信息；通过比赛激发自己的学习兴趣，锻炼自己的实践能力，找到自己的不足和努力方向，从而提高自己的专业技能。

表 4-5　主要的全国造价技能竞赛

序　号	竞 赛 名 称	主 办 单 位
1	全国大学生智能建造与管理创新竞赛	中国建设教育协会
2	"品茗杯"全国高校 BIM 应用毕业设计大赛	中国建设教育协会
3	全国建设类院校 BIM 数字工程技能创新大赛	中国建设教育协会
4	全国大学生房地产策划大赛	中国建设教育协会
5	"龙图杯"全国 BIM 大赛	中国图学学会
6	全国高等院校学生"斯维尔杯"BIM-CIM 创新大赛	中国建设教育协会
7	全国"斯维尔杯"建筑信息模型（BIM）应用技能大赛	中国建设教育协会
8	全国高校 BIM 毕业设计作品大赛	中关村数字建筑绿色发展联盟
9	全国高等院校学生 BIM 应用技能网络大赛	中国建设教育协会
10	全国高等院校工程造价技能及创新竞赛	中国建设工程造价管理协会
11	全国建设类院校施工技术应用技能大赛	中国建设教育协会
12	全国建筑类院校虚拟建造综合实验大赛	中国建设教育协会

　　有利于提高学生综合能力的竞赛见表 4-6。这类竞赛的参与可能需要跨专业跨学院联合组队，因此更能锻炼团队精神、创新能力，也能够开拓视野，体验交叉学科的魅力。

表 4-6　提高学生综合能力的全国竞赛

序　号	竞 赛 名 称	主 办 单 位
1	中国"互联网+"大学生创新创业大赛	教育部、中央统战部、中央网络安全和信息化委员会办公室、国家发展改革委、工业和信息化部、人力资源社会保障部、农业农村部、中国科学院、中国工程院、国家知识产权局、国家乡村振兴局、共青团中央等
2	"挑战杯"全国大学生课外学术科技作品竞赛	共青团中央、中国科协、教育部、全国学联
3	"挑战杯"中国大学生创业计划大赛	共青团中央、中国科协、教育部、全国学联
4	ACM-ICPC 国际大学生程序设计竞赛	国际计算机协会（ACM）
5	全国大学生数学建模竞赛	中国工业与应用数学学会
6	全国大学生化学实验邀请赛	教育部、工业和信息化部
7	全国大学生化学实验邀请赛	教育部高等学校化学教育研究中心
8	全国高等医学院大学生临床技能竞赛	教育部医学教育临床教学研究中心、教育部临床实践教学指导分委员会
9	全国大学生机械创新设计大赛	教育部高等学校机械学科教学指导委员会
10	全国大学生结构设计竞赛	中国高等教育学会工程教育专业委员会、高等学校土木工程学科专业指导委员会、中国土木工程学会教育工作委员会、教育部科学技术委员会环境与土木水利学部
11	全国大学生广告艺术大赛	中国高等教育学会
12	全国大学生智能汽车竞赛	教育部高等学校自动化类专业教学指导委员会
13	全国大学生交通科技竞赛	交通工程教学指导分委员会

（续）

序　号	竞赛名称	主办单位
14	全国大学生电子商务"创新、创意及创业"挑战赛	教育部高校电子商务类专业教学指导委员会
15	全国大学生节能减排社会实践与科技竞赛	教育部高等教育司
16	全国大学生工程训练综合能力竞赛	教育部高等教育司
17	全国大学生物流设计大赛	教育部高等学校物流类专业教学指导委员会
18	外研社全国大学生英语系列赛——英语演讲、英语辩论、英语写作、英语阅读	外语教学与研究出版社、教育部高等学校大学外语教学指导委员会、教育部高等学校英语专业教学指导分委员会
19	全国职业院校技能大赛	教育部、国家发展改革委、科学技术部、工业和信息化部、国家民委、民政部、财政部等国务院有关部门以及有关行业、人民团体、学术团体和地方共同举办
20	全国大学生创新创业训练计划年会展示	教育部高等教育司
21	全国大学生机器人大赛——RoboMaster、Robo-Con、RoboTac	共青团中央
22	"西门子杯"中国智能制造挑战赛	教育部高等学校自动化类专业教学指导委员会、西门子（中国）有限公司、中国仿真学会
23	全国大学生化工设计竞赛	中国化工学会、中国化工教育协会
24	全国大学生先进成图技术与产品信息建模创新大赛	教育部高等学校工程图学课程教学指导委员会、中国图学学会制图技术专业委员会、中国图学学会产品信息建模专业委员会
25	中国大学生计算机设计大赛	中国大学生计算机设计大赛组织委员会
26	全国大学生市场调查与分析大赛	教育部高等学校统计学类专业教学指导委员会、中国商业统计学会
27	中国大学生服务外包创新创业大赛	教育部高等教育司
28	中国高校计算机大赛——大数据挑战赛、团体程序设计天梯赛、移动应用创新赛、网络技术挑战赛、人工智能创意赛	教育部高等学校计算机类专业教学指导委员会、教育部高等学校软件工程专业教学指导委员会、教育部高等学校大学计算机课程教学指导委员会、全国高等学校计算机教育研究会
29	世界技能大赛	世界技能组织
30	世界技能大赛中国选拔赛	人力资源和社会保障部
31	中国机器人大赛暨 RoboCup 机器人世界杯中国赛	中国自动化学会
32	全国大学生信息安全竞赛	教育部高等学校网络空间安全专业教学指导委员会
33	全国周培源大学生力学竞赛	教育部高等学校力学教学指导委员会力学基础课程教学指导分委员会、中国力学学会、周培源基金会

（续）

序　号	竞赛名称	主办单位
34	中国大学生机械工程创新创意大赛——过程装备实践与创新赛、铸造工艺设计赛、材料热处理创新创业赛、起重机创意赛、智能制造大赛	中国机械工程学会
35	蓝桥杯全国软件和信息技术专业人才大赛	工业和信息化部人才交流中心
36	全国大学生金相技能大赛	教育部高等学校材料类专业教学指导委员会
37	"中国软件杯"大学生软件设计大赛	工业和信息化部、教育部、江苏省人民政府
38	全国大学生光电设计竞赛	中国光学学会
39	全国高校数字艺术设计大赛	工业和信息化部人才交流中心
40	中美青年创客大赛	中华人民共和国教育部
41	全国大学生地质技能竞赛	中国地质学会、中国地质学会地质教育研究分会
42	米兰设计周——中国高校设计学科师生优秀作品展	中国高等教育学会、中国教育国际交流协会
43	全国大学生集成电路创新创业大赛	工业和信息化部人才交流中心
44	中国机器人及人工智能大赛	中国人工智能学会
45	全国高校商业精英挑战赛——品牌策划竞赛、会展专业创新创业实践竞赛、国际贸易竞赛、创新创业竞赛	中国贸促会商业行业委员会、中国国际商会商业行业商会、商业国际交流合作培训中心、中国商业经济学会
46	中国好创意暨全国数字艺术设计大赛	全国高等院校计算机基础教育研究会
47	全国三维数字化创新设计大赛	国家制造业信息化培训中心、全国三维数字化技术推广服务与教育培训联盟（3D 动力）、光华设计发展基金会
48	"学创杯"全国大学生创业综合模拟大赛	高等学校国家级实验教学示范中心联席会经济与管理学科组
49	"大唐杯"全国大学生移动通信 5G 技术大赛	工业和信息化部人才交流中心、中国通信企业协会
50	全国大学生物理实验竞赛	高等学校国家级实验教学示范中心联席会、全国高等学校实验物理教学研究会、中国物理学会物理教学委员会
51	全国高校 BIM 毕业设计创新大赛	中国软件行业协会培训中心
52	RoboCom 机器人开发者大赛	工业和信息化部人才交流中心、中国计算机教育联合会、IEEE 人机协同及柔性制造技术委员会、浙江省机器人产业发展协会和 RoboCom 国际公开赛组委会
53	全国大学生生命科学竞赛（CULSC）——生命科学竞赛、生命创新创业大赛	全国大学生生命科学竞赛委员会、高等学校国家级实验教学示范中心联席会及《高校生物学教学研究（电子版）》杂志社
54	华为 ICT 大赛	华为技术有限公司
55	全国大学生嵌入式芯片与系统设计竞赛	中国电子学会
56	中国高校智能机器人创意大赛	中国高校智能机器人创意大赛组委会

4.3 工程造价专业的学习方法

根据培养目标的要求和建筑企业的用人需求，高校正在改变传统教学模式，探索以培养学生工程应用能力为导向的实践教学模式，不断探索启发式教学法、开放式教学法、研究式教学法、案例教学法等相结合的教学方法体系；加大现代信息技术的应用力度，充分利用学校网络教学平台，形成传统教学、多媒体教学、网络教学相互融合的多元化教学体系。这就对学生的学习主动性和多元化教学模式适应能力提出了更高的要求，把握专业学习的路径，采用正确的学习方法，则可以达到事半功倍的学习效果。

4.3.1 通过实践环节提高和验证实践能力

通过全面调查建设单位、建筑施工企业、房地产开发企业、设计单位、工程造价咨询中介机构、工程造价管理部门等，并与从事建设项目全过程工程造价控制与管理工作的造价方面的专家进行讨论后，确定工程造价人才岗位必须要掌握的知识有：正确识读房屋工程施工图，独立编制施工图预算，独立编制工程量清单，根据工程量清单进行报价，独立编制及审核工程结算，根据工程进度确定及审核各阶段工程造价，根据合同约定条件和现场实际情况进行工程索赔和反索赔，独立编制招标文件，团队合作完成投标文件商务标部分，确定分包工程价格，签订分包工程合同并进行分包工程结算等。

上述知识的掌握程度，可以在实践环节予以验证。课程设计和毕业设计一般都是以实际工程施工图为例，完成上述必须掌握的知识的应用实践。通过独立完成、小组讨论和教师答疑，按照设计的进度要求，完成设计的内容和深度要求。因此，设计完成成果的质量及在完成过程中学生所感受到的难易程度能够反映理论课程的学习效果。在完成设计的过程中，学生应注意以下两点：

（1）手工计量和软件计量的能力训练　工程造价的学生通过理论课程的学习掌握了相应的工程量的计算规则。手工计量是造价能力的基础，可以帮助学生熟练掌握计量规则。

实际工作中均已普及软件计量（机算）。机算的优势：①提高效率，只需按照相关提示步骤进行绘制模型，汇总计算后即可完成工程量的计算，减少了大量加减乘除的计算，节约了大量时间；②减少了错误的发生，提高了精确度，软件算量可以减少一部分由于审图不准确及数据统计带来的错误，也可以对建筑物和构件的复杂形状进行处理，比手工的近似算法更为准确；③直观，在软件中可以通过三维视图查看构造的模型，便于及时发现错误，控制模型的每一个细节信息。

正是由于机算的上述优势，学生在设计中，往往重视机算却忽视手算，但这会导致学生知其然不知其所以然。定额原理和计算规则永远是工程造价的理论基础，必须掌握，否则不能形成系统的造价知识体系。

（2）积累施工工艺　要想成为一名优秀的造价从业人员，不能只在课堂、办公室中学习图纸和文件。施工工艺、安装工艺和构件制作方法是难以凭借图纸想象出来的，因此，对施工现场的了解是必要的。学生可以通过课堂老师的传授、网络视频的了解施工工艺，在课程设计这类实践性课程中积极向老师提问解决一些需要凭借施工经验解决的问题，二手经验的学习其实也是一种积累方法。

除了在课程设计实践环节中积累施工工艺的认知，到施工现场参与实地实习，则是一手经验的直接积累。

学生近距离观察整个建筑的修建过程后，可以学到适用又具体的施工工艺、验收标准，这些知识是在学校很少接触，但又十分重要、基础的知识。例如，钢筋的绑扎：底层基础钢筋的绑扎需要进行放样，每一跨钢筋的接头数为 25%，即 4 根钢筋只有一个接头，另外，接头需要尽量放在受压区内。

学生甚至可以实际动手操作，进行基础工程、上部结构的施工放线、钢筋绑扎等工作，真正感受工程施工的各个工艺，并且思考这些工艺对计量和计价的影响。

高校教育（素质教育）和企业用人要求的差距是客观存在的。为了缩短差距，让学生尽快适应企业要求，了解工作岗位，可以通过生产实习和毕业实习的方式让学生到企业实践学习。近年来，毕业生到企业工作总是存在着各种问题，严重制约了学生个人发展和企业的生产效率，集中表现在三个方面：一是不能快速适应从学生到企业员工角色的转变；二是工作态度不端正，将大学生活中一些散漫的习惯带到工作中，对待工作不够认真，甚至不服从企业组织安排；三是缺乏责任心和合作精神，参加工作后不能正确调整自己的位置，总是过分看重待遇和工作环境等因素，存在急功近利、稍遇挫折就辞职等问题。因此，让学生直接与企业接触，到企业实习，提前体验工作环境，将学校所学应用于建设工程，体验成就感。同时，学生可以感受到实践经验的不足，再回到学校加深学习，不断提高工程造价专业能力，还能在实习过程中，锻炼吃苦耐劳、努力工作的精神和举一反三、团队协作的能力。

除了企业实践的专业实习，学生还可以参加企业调查、勤工助学、科技服务等工程实践活动。学生可以在企业实践中锻炼工程能力，提高在工程造价岗位的工作能力。参加专业相关的实践，则有助于大学生进行职业生涯设计。大学生的职业生涯设计是对个人今后所要从事的岗位和职业发展路线的设想和计划过程，有利于引导学生确立人生奋斗目标，充分发挥潜能，提高综合素质。选择就业岗位，即从个人性格、兴趣、特长、内外环境与职业的匹配和适应等方面确保岗位选择的正确性。学生提前到企业锻炼，对于自己的职业生涯规划、人生目标的确定，有十分重要的意义。

4.3.2　多途径进行 BIM 的学习

住房和城乡建设部的《工程造价事业发展"十三五"规划》中提到要以信息技术创新推动转型升级，向工程咨询价值链高端延伸，提升服务价值，推广以造价管理为核心的全面项目管理服务，优化各个阶段的服务。

信息化是当今世界发展的大趋势，是推动经济社会变革的重要力量。大力推进信息化，是覆盖我国现代化建设全局的战略举措，是贯彻落实科学发展观、全面建设小康社会、构建和谐社会和建设创新型国家的迫切需要和必然选择。

建筑业积极推进信息化建设，着力增强 BIM、大数据、智能化、移动通信、云计算、物联网等信息技术集成应用能力，而 BIM 是建筑信息化的基础，是建筑业信息化的技术支撑，BIM 解决的是效率、数据承载问题。

1. BIM 的引入

建筑信息模型（Building Information Modeling，BIM）在《建筑信息模型应用统一标准》

（GB/T 51212—2016）中的定义：在建设工程及设施全生命期内，对其物理和功能特性进行数字化表达，并依此设计、施工、运营的过程和结果的总称。BIM 的本质是信息化，是建筑业信息化的核心手段。BIM 可以动态模拟施工变化过程，实现进度控制和成本造价的实时监控。BIM 技术的成熟与应用被称为建筑行业的第二次革命。

BIM 具有可视化的特点。造价从业人员可以利用 BIM 的三维技术在前期进行碰撞检查，优化工程设计，减少在建筑施工阶段可能存在的错误损失和返工的可能性，而且优化空间和管线排布方案。因此造价专业的学生应该积极学习如何利用 BIM 技术提高造价效率，如何借助 BIM 技术进行有效沟通，如何借助 BIM 技术进行数据分享。

目前 BIM 应用已经进入 BIM2.0 阶段。如果说 BIM1.0 时代更加注重图形，BIM2.0 时代则更加注重数据与应用，通过 BIM 模型集成进度、预算、资源、施工组织等关键信息，并对施工过程进行模拟、浏览、碰撞检测等，及时为施工过程的物资、商务、进度、生产等重要环节提供准确信息、技术要求等核心数据，从而达到缩短项目工期、控制项目成本、提升施工质量的目的。BIM2.0 开启了以应用为主、模型为辅的 BIM 应用时代，聚焦于施工阶段应用的集成，这其中，也包括造价管理的应用集成。

此外，BIM2.0 还可尝试将桌面移动到云端，将云端和互联网结合，在不同的工作地点进行更有效的协同是 BIM1.0 和 BIM2.0 最大的区别。

2. BIM 学习的必要性

2015 年住房和城乡建设部印发了《关于推进建筑信息模型应用的指导意见》提出了推进建筑信息模型应用的指导思想和基本原则，同时明确提出推进 BIM 应用的发展目标。但 BIM 在我国建筑行业的应用仍然是初级阶段。国家的产业战略导向和目前的国内外建筑行业的 BIM 应用现状均表明，BIM 技术应用是建筑行业的趋势和关键点。

高校作为培养 BIM 应用专业人才的主要阵地，应及时了解了国内外 BIM 技术应用现状和发展趋势，并且对学生提出结合专业知识熟练掌握 BIM 软件的要求。

学习 BIM 建模也是学生自身发展的必然要求。学生需要以专业理论知识为基础，结合实际工程项目实施过程，深入理解和掌握 BIM 技术的应用方法，通过 BIM 完成实际工程项目的数据管理，更加全面和透彻地了解全生命周期的造价控制，将工程造价的专业知识融会贯通。

3. 遵从 BIM 学习规律，循序渐进地实践 BIM

学习 BIM 是工程造价专业学生提升自我专业能力必不可少的一环，具有其特定的学习规律，如图 4-5 所示。在课程学习、课程设计、生产实习、毕业实习和毕业设计过程中，学生需要逐渐了解 BIM 技术，通过不断地学习和实践，熟练掌握 BIM 技术的应用。

工程计量是工程造价专业学生的基本功。准确算量的前提是准确理解结构构件的具体形状和位置，但对于对实际工程缺乏了解或空间想象力不强的学生来说，工程量计算却很棘手。为了提高空间想象能力，更好地理解构件特征与位置，学生可以初步学习 BIM 基础知识，尝试构建模型。例如，学生尝试将 BIM 钢筋结构模型引入，通过三维立体图形，增强对钢筋的类型及锚固、搭接、加密等钢筋布置的直观感受。学生增强了学习兴趣，也开始逐步了解和接触 BIM。

读懂施工图是计量计价的第一步。在专业课程的学习阶段，"土建工程识图与 BIM"课程以国家建筑标准设计图集为例，讲解混凝土结构施工图的平法表达。学生通过学习这门课程，能基本了解现浇混凝土柱、剪力墙、梁、板等构件及其钢筋的平法制图规则和标准构造详图，进一步读懂建筑工程施工图。图集是设计者完成平法施工图的依据，是施工、监理人员准确理解和实施平法施工图的依据，也是造价人员准确计量的依据。

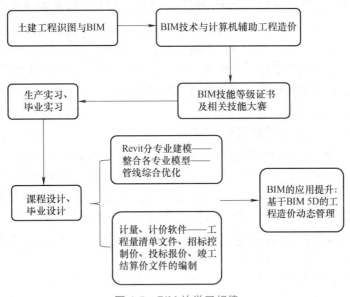

图 4-5　BIM 的学习规律

而通过"BIM 技术与计算机辅助工程造价"课程，学生将学会 Revit 软件、算量软件、计价软件的基本操作与要求，初步尝试构建模型，通过三维立体图形，增强对真实的构件结构与相对位置的直观感受，便于更好理解计算规则。

在课程设计阶段，学生根据教学图纸，利用算量软件三维建模，计算工程量，并利用计价软件生成相关的造价文件，初次系统性地完成造价实践任务。学生通过课程设计可以更加熟练掌握 BIM 造价软件。

同时，学生也可以根据自己的兴趣选择考取 BIM 技能等级证书，参加 BIM 相关技能大赛，提高自己的 BIM 技能。

毕业实习期间，学生可以将所学知识更好地运用到实际工程中，提高运用 BIM、造价软件的熟练度，更加系统地理解实际工程中造价人员的工作内容。

在毕业设计过程中，学生将进行一次完整的造价实践任务，利用 Revit 及算量软件对工程图进行三维建模，电算工程量，并利用计价软件编制工程量清单、招标控制价、投标控制价、竣工结算价文件。其中，安装造价的内容较多，现代建筑中机电系统繁多，管线种类更加复杂，初学者往往难以理解，而 BIM 技术将建筑和机电设备管线同步，通过可视化模型进行碰撞检测，可以直观查找管线，发现管线布置中存在的问题，帮助学生建立管线综合优化的意识。

大学期间，学生学会运用 BIM 进行工程绘图、创建建筑构件集、对建筑施工图三维建模、运用 BIM 处理复杂施工图等，掌握 BIM 技术的运用，为之后的工作打下基础。

BIM 5D 技术是在 3D 的基础上增加了时间和成本两个维度，学有余力的学生可以尝试理解和学习基于 BIM 5D 的工程造价动态管理。

4. 参加 BIM 竞赛，提高 BIM 实践能力

BIM 技术的应用是建筑业信息化改革的一项重要内容，也是建筑业转型升级的革命性技术之一。近年来，随着 BIM 技术的普及与应用，BIM 技能与创新应用等竞赛活动在全国范围内不断开展，极大地促进了新技术的广泛应用和技术更新。该类竞赛参与对象通常涉及建设单位、设计单位、施工企业、大专高校及科研单位，现已成为解决建筑业数字化人才储备短缺的有效途径，同时也是提升高校工程造价专业学生新技术实践与应用能力的有效方式。

BIM 技能与创新应用等竞赛可以作为学生技能的推进器和评比学生实际动手能力的总抓手。一方面，学生在训练和比赛过程中会遇到许多专业上的难题和在平时的学习中难以发现的 BIM 实际建模问题。学生需要翻阅教材和参考书，主动与老师沟通和交换意见，通过多种途径获得解决方案。从发现困难到解决困难，学生实现了从不懂到懂，从不会到运用的转变。学生不仅仅实现了对多门课程（如工程识图、土建工程算量、安装工程算量等）知识的巩固和深化，也实现了 BIM 技能飞跃式的提高，极大地提高了 BIM 技术的应用水平。另一方面，在 BIM 技能大赛中，学生以实际工程案例为基础，最大限度地模拟实际工作场景，可以实现高校建筑类专业之间的 BIM 协同，深化学生对 BIM 技术应用的认识，同时也提高了学生的实践及创新能力，培养团队合作精神和集体荣誉感，这些能力和自身综合品质的提高会对日后的专业学习产生深远且积极的作用。

大学生 BIM 技能竞赛项目繁多，有全国性的赛事（见表 4-5）和地方性赛事。BIM 技能竞赛的内容通常包括建筑设计、结构设计、建筑给排水、建筑电气、暖通工程、工程造价、工程管理等专业的内容。因此，竞赛要求学生具有本专业扎实的基础知识，通过竞赛的初赛、决赛等程序不断巩固和强化知识运用，尤其在专业软件操作应用方面，学生需要花费大量时间进行练习以达到熟练应用和解决工程常见问题的目的。对工程造价专业学生而言，需要掌握常用建模设计软件（如 Revit、SketchUP 等）、工程算量软件、工程计价软件等。此外，还会根据竞赛要求掌握图像处理软件（如 Lumion、Fuzor 等）、施工管理软件（如广联达 BIM5D、斯维尔 BIM5D）。竞赛环节的强化学习，促使学生熟练掌握多种专业软件操作技能，弥补课堂练习的不足，为进一步进行创新实践活动打下基础。

BIM 技能与创新竞赛通常强调团队的组建与合作。在长期的团队共同学习和备赛过程中，如何通过更高效的方式达到各环节各专业之间的信息共享，如何快速解决专业技术难点和寻求创新点，常常成为团队面临的主要问题。团队的交流与协作的好坏，直接体现在竞赛作品上。因此，在竞赛任务驱动下，小组成员的讨论与合作，能最大限度激发学生进行思维碰撞，提升良好的协作能力。

除此之外，竞赛活动在一定程度上能扩大学生对建筑业先进技术及数字建筑的认知，并通过竞赛提供的现场校际之间的交流，开阔视野，增强专业理解与自信。

5. 通过 BIM 学习能获得的能力

（1）学习利用 BIM 技术提高造价的准确性　BIM 具有模拟性的特点。BIM 以集成建筑工程项目的各项相关信息数据为基础，通过对建筑的数据化、信息化模型整合，建立模型，通过数字信息仿真模拟建筑物所具有的真实信息。一个建筑信息模型就是提供了一个单一的、完整一致的、具有逻辑性的建筑信息库。造价从业人员可以借助该建筑信息库获取与工程造价管理相关的信息及造价编制所需的项目构建信息，从而大大减少根据图样人工识别构建信息的工作量及由人工引起的潜在的错误，从而提高造价的准确性。

BIM 不但可以模拟设计出的建筑物模型, 还可以模拟难以在真实世界中进行操作的事件, 工程造价从业人员能够清楚地了解建筑功能、构件作用, 从而能够保证工程造价的准确合理。

因此, 造价专业的学生应该学会如何搭建 BIM 模型, 并且从模型中获取造价信息, 提高造价的准确性。

(2) 学习利用 BIM 技术提高成本控制能力 BIM 具有协调性的特点。在工程造价管理工作中, 协调是最为重要的内容, 主要包括各施工部门之间的联系, 尤其是各施工环节的交接问题, 这些需要进行良好的协调, 并且提出相应的解决措施, 这样能够避免施工工期、造价管理方面出现问题。

将 BIM 技术应用到工程造价管理工作中, 不但能够实现对工程进度、工程管理进行合理的安排, 还能在一定程度上有效降低项目建设的成本, 从而保障工程造价的合理性。

一方面, 项目工程的各类人员可以利用 BIM 随时调取各自所需的数据信息, 计算并分析各项子工程的资源消耗量, 然后再将其进行汇总并将汇总结果输出就可实现限额领料, 从而达到控制施工成本的目的。

另一方面, BIM 技术有利于造价从业人员直观快速地将施工计划与实际进展进行对比, 帮助各方协调配合, 使得施工方、监理方、客户方都可以对工程项目的各种问题和情况了如指掌。造价从业人员最终可以结合各方反馈、施工方案、施工模拟, 大大减少建筑计量计价误差, 使得项目成本处于合理区间, 从而提高项目效益。

因此, 学习 BIM 技术可以帮助造价专业的学生掌握成本控制的方法, 这对于造价专业的学生有着重要意义。

(3) 学习利用 BIM 技术提高成本分析能力 BIM 具有优化性的特点。优化过程会受到信息、复杂程度和时间影响, 而 BIM 能够提供建筑物实际存在的信息, 将复杂问题简单化, 同时能节省时间。尤其是现代建筑的复杂程度大多超过参与人员本身的能力极限, BIM 提供了对复杂项目进行优化的可能。

为了能够实现对项目成本的分析, 从而对项目成本进行优化, 可以利用 BIM 技术构建工程造价数据信息库, 实现对资源的实时共享, 从而能够保障工程造价的科学合理性。

利用 BIM 技术, 可以进行行之有效的成本分析工作: ①将未列在预算中的变更量减少达 40% 以上; ②建造成本估算的准确度在 3% 以内; ③成本估算所需时间缩短 80%; ④因事先进行冲突检查而节省 10% 的合同金额。

因此, 学习 BIM 技术可以帮助学生建立成本分析的意识和初步的能力, 有利于学生成为合格的造价专业从业人员。

(4) 学习利用 BIM 提升全过程工程造价管理的能力 工程造价从业人员通过 BIM 技术可以合理确定和有效控制项目成本, 促进各参与主体、各项目阶段、各专业之间造价内容的精细化; 通过 BIM 搭建协同工作平台, 可以为建设项目各参与方提供造价数据共享及协同工作的环境。在前期决策阶段、设计阶段、实施阶段及竣工验收阶段, 造价从业人员利用 BIM 可以实现真正意义上的全过程造价管理。

在工程的各个阶段造价从业人员的任务有所差别, 因此, 造价专业学生需要明晰在各阶段利用 BIM 的意义及造价的目标, 从而学习如何利用 BIM 进行全过程工程造价。

1) 决策阶段利用 BIM 技术收集决策依据和数据。在传统的工程实施中, 由于大量的决策依据、数据不能及时完整地提交出来, 决策被迫延迟, 或决策失误造成工期损失的现象非常多见。实际工作中只要工程信息数据充分，决策并不困难。因此，造价专业的学生需要学习如何从 BIM 模型中获取工程量数据，将这些粗略的工程量数据和造价指标数据结合，准确地估算价格，这将为建设项目的决策提供依据。

2）设计阶段利用 BIM 提高测算准确性。造价专业的学生应该能够通过软件快速建立 BIM 模型，对成本费用进行实时模拟和核算，并且将通过 BIM 模型所得到的工程量和造价参数相结合，做出准确的设计概算。

3）实施阶段随时获取准确数据，提高协作效率。在很多工程中，工程款的争议会引起承包商合作关系的恶化，甚至影响承包商的积极性。BIM 可以改变这一现状，造价专业的学生需要学习如何通过 BIM 模型获取各种工程变更信息，为审核工程变更和计算变更工程量提供准确的数据。这些数据将会为支付申请提供依据，提升了发承包双方合作的效率。

4）在竣工验收阶段，造价专业的学生需要学习通过 BIM 模型得到与工程实体相一致的建筑信息模型，这将为工程结算提供准确的结算依据。

学生通过对 BIM 技术的学习，可以培养工程造价管理能力，懂得使用信息技术可以更高效地进行有价值的造价管理工作。

4.3.3 用 BIM 辅助学习理论课程

1. 用 BIM 辅助学习建筑制图与识图类课程

准确识图和制图对于工程量计算具有非常重要的基础作用。因此，建筑制图与识图是工程造价专业的学生需要掌握的基础知识，也是学生需要掌握的一项核心技能。然而学生在学习该类课程的过程中可能会出现缺乏空间想象力、对于某一建筑构造形式和空间尺寸概念模糊等问题，甚至有部分学生因为对构造知识理解困难而对相关课程失去学习兴趣。产生此类问题的原因主要有两个方面：其一，部分学生的空间想象能力较弱，仅通过二维图纸较难形成三维构造概念；其二，由于学生普遍刚接触建筑知识，缺乏实践经验，仅凭图纸与施工现场图片较难理解建筑构造原理与特征。

应用 BIM 技术强大的二维转三维功能在一定程度上能帮助学生更好地理解建筑构造知识。因此，BIM 技术与此类课程的结合尤为必要。

一方面，学生可以利用 BIM 技术建立计算机三维立体模型，帮助理解建筑的空间结构。BIM 突破了二维图纸的局限性，学生可以通过建立与工程图纸一致的建筑模型，了解建筑构件的大小、位置甚至材质。在建筑制图识图课程中，学生不仅可以分析建筑物的平面、立体、剖面结构，更重要的是提高了学生的空间想象力，也为今后理解工程量计算规则打下基础。

另一方面，学生可以利用 BIM 辅助理解建筑物的构造原理与特征。由于专业知识、实践经验较少，学生很难理解一些特殊的、复杂的工程。而 BIM 可以帮助学生用三维的模型理解二维的图纸。如中国第一高楼上海中心大厦的外立面，学生使用 BIM 软件，可以直观看到上海中心大厦的三维模型，理解建筑的异形钢构件的搭建方式、材料信息、工艺设备信息甚至成本信息。所以利用软件学习建筑制图和识图课程可大幅度提高学生的学习效率，弥补学生实践经验不足的缺陷，还可以拓展学习。

2. 用 BIM 辅助学习施工技术与管理类课程

施工技术与管理类课程包括建筑工程施工技术、建筑材料、房屋建筑学等，其中包含一系列施工设计管理步骤、关键技术、施工工艺、施工方法等专业知识点。这些都需要经过大量的归纳、整理和记忆才能被掌握，对于缺乏施工管理经验的学生而言是不小的挑战。如果仅依靠课堂教学、施工视频、动画以及图片等教学素材的学习，学生对相应施工设计管理流程及技术工艺较难形成深刻的印象。

因此，学生可以通过 BIM 模板工程、脚手架工程、三维策划、BIM5D 等工具与施工技术管理类课程结合，在虚拟环境下对整个施工管理流程进行模拟演练，这样能够快速提升学习效果，还可以针对学习该类课程的重点、难点进行相应的施工环境模拟，有利于了解施工过程及特征、施工工作原理及施工组织。

3. 用 BIM 辅助学习计量计价类课程

计量计价类课程包括建筑工程计量与计价、安装工程计量与计价、市政工程计量与计价等。学生需要按照不同单位工程的专业特点，根据工程量清单计量规范和消耗量定额及特定的施工图，对其分项工程、分部工程以及整个单位工程的工程量和工程价格进行科学合理的计算、预测、优化和分析等一系列活动。

目前学生在计量环节的学习过程中，主要难点有：①计量项目不能准确列出，漏项时有发生，不能根据项目实施情况合理选择措施项目，如常见措施项目脚手架搭拆、高层建筑增加、超高建筑增加等；②安装工程计量项目多，计算过程条理性要求高，学生往往不能根据清单、定额子目的设置，展开工程量的计算，导致计量过程逻辑不清，漏算错算。

因此，学生利用构建建筑信息模型进行虚拟建造，通过 BIM 模型，对工程量快速统计分析。一方面，将通过 BIM 计算出的工程量与学生的手算工程量进行对照，降低手算工程量的误差，提高识图的准确性和对计量规则理解的深入度；另一方面，理清计算思路，培养计算过程的条理性和逻辑性。

综上所述，在理论课程的学习过程中融入 BIM 技术的应用，不但可以使学生深入理解BIM 技术的应用方法和理论依据，也有效提高了学生学习专业理论知识的效率和兴趣。学生运用 BIM 软件提高了空间构思能力，辅助理解了专业知识，提升了计量计价的能力，有利于学生将工程造价的专业知识融会贯通。

4.3.4　通过比赛激发学习兴趣

"以赛促学"的学习模式能够将竞赛内容与课程内容融合，使学生利用竞赛平台，提升自己的专业能力，认识自己的短板，成长为优秀的造价专业学生。

近几年全国以及各省市都在广泛开展相关课程的竞赛。国家级的相关竞赛见表 4-6，如全国大学生数学建模竞赛，全国周培源大学生力学竞赛，省级力学竞赛、高数竞赛，建筑材料知识竞赛等。参赛学生以团队或个人的形式参与比赛，以运用基本理论建立工程构件的力学或数学模型为目标，根据具体的问题选择合理的计算模型，锻炼发现、表达、分析复杂土木工程问题的能力，同时培养团队协作意识。

竞赛可以激发学生的学习积极性和求知热情。学生在比赛过程中可以靠自己的努力解决一个又一个难题，享受与队员思考讨论的过程，与来自全国各地的顶尖学子进行思维的碰撞和较量，发现自己的潜能，找到学习的自信，对学习产生持续的浓厚兴趣。比赛对学生而言不仅是加强素质教育和培养动手能力、创新能力和团队协作精神的赛事，更是一项提升专业知识水平和提升学习兴趣的课外活动。

本章小结

　　本章是对工程造价专业学生的学习方法进行指导，首先指出学生应该以具备扎实的专业技能、全过程工程造价管理的思维、良好的综合素质为目标进行学习。工程造价专业的学生通过专业理论课程、专业实践课程的学习，参与课外科技活动，实现知识的融合与能力的提升，达到上述学习目标。其次，学生可以通过实践环节验证和提高自己的实践能力，多途径学习 BIM 技术，通过 BIM 辅助理论课程的学习，通过比赛激发自己的学习兴趣。本章可以帮助学生在初入校园时就建立正确的学习观念，给予学生学习方法指导，指导学生有意识地逐步形成自己的一套系统科学的学习方法。

思考题

　　1. 在理解工程造价专业学习目标的基础上，根据自身的实际情况，谈谈自己的具体的学习目标。

　　2. 如何利用专业理论课程的学习达到"算"与"节"并重？

　　3. 工程造价学生培养实践能力有什么意义？

　　4. 课外科技活动对专业学习有什么帮助？

　　5. 工程造价专业的学习方法有哪些？

　　6. 举例说明校内校外有哪些实践活动有利于验证和提高实践能力？

　　7. 简述 BIM 的定义。工程造价专业的学生为什么需要学习 BIM？怎么学好 BIM 技术？

　　8. BIM 技术对理论课程的学习有哪些帮助？

　　9. 如何融入"以赛促学"的学习模式？

第 5 章
工程造价专业考研与就业

5.1 工程造价专业考研探析

研究生是高等教育的一种学历，一般由拥有硕士点、博士点的普通高等学校和研究生培养资格的科研机构开展。在我国，研究生主要分为全日制和非全日制两种，全日制研究生是通过拥有各高等院校举办的硕士研究生和博士研究生招生考试来进行招生，学制一般为 2 年或 3 年；非全日制研究生在 2017 年以前主要指在职研究生，主要通过十月联考、同等学历申硕、一月统招在职研究生等方式进行招生。从 2017 年（包括 2017 年）起，双证在职研究生统一命名为非全日制研究生，非全日制研究生与全日制研究生一同参加每年 12 月底的全国统考，划定分数线，毕业时同样获得双证。

5.1.1 工程造价专业考研现状

近年来，由于学生对自身发展要求提高、就业形势日益严峻、研究生招生人数不断扩大、非全日制研究生纳入统考，越来越多的学生选择了深造考研，出现了"考研热"现象。

然而，一部分应届毕业生对考研并没有明确的目标，但是受到影响，盲目跟风，这样不仅无法完全投入毕业设计，也耽误了找工作。同时，明确想要继续深造的学生，由于没有得到有效的指导，在备考阶段同时承担课业及毕业设计的压力，未能合理安排学习时间，便会在激烈的竞争中失败。因此，学生应当在"考研热"的背景下认清自己的需求和职业规划，选择适合自己的发展方向，顺利地走上职业或深造的道路。

1. 考研整体现状

（1）竞争激烈　据教育部统计，全国硕士研究生考试的报考人数呈现逐年上升的态势。2017 年考研人数首次突破 200 万（见图 5-1），2019 年全国考研报名人数达到了 290 万人，比 2018 年考研人数增加了 52 万人，增幅达到 21.8%，考研增加人数和增长率均为近年来最高。

2021 年考研人数达到了 377 万，同 2015 年的 165 万人相比增加了 212 万人，研究生报考人数的快速上涨也引发了社会的广泛关注。虽然每年的招生计划并没有减少，但是对考生来说，竞争压力却越来越大。

此外，虽然应届生仍然是考研的主力军，但是随着在职研究生纳入统考，以及往届生对于提高自身就业竞争力的需求增加，往届生的考研比例也逐年提高（见图 5-2）。

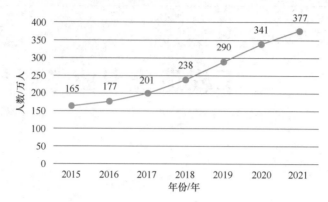

图 5-1　2015—2021 年全国硕士研究生报考人数变化趋势

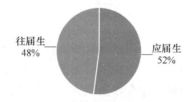

图 5-2　2019 年报考人数中应届生与往届生占比

据统计，2017 年共 201 万人报考，其中，应届考生 113 万人，往届考生 88 万人，往届生考研人数占比 43.8%；2018 年共 238 万人报考，其中，应届考生 131 万人，往届考生 107 万人，往届生占比 45%。而 2019 年往届生报考比例达到 48%，接近半数。

同应届生相比，往届生在考研方面存在一些劣势，由于工作或生活上的干扰，复习时间不够集中；但同时也具备一定的优势，往届生更熟悉考研的流程，回答问题尤其是复试时更有经验，态度更沉稳，复习时会抓住重点、省时高效，具有丰富的人脉和资源，目标和决心更加明确。

另外，为满足经济社会发展对高水平应用型人才的需求，自 2009 年全面招收全日制专业学位硕士以来，国家一直大力发展专业学位硕士（简称专硕）。2015 年，专业学位硕士报考人数与学术型硕士相比略少一些，2016 年两者基本持平，从 2017 年到 2019 年，专业学位硕士的报考人数已经超过了学术型学位硕士（简称学硕），见图 5-3。

学术型学位硕士研究生主要是培养学术研究人才，课程设置侧重于理论的学习，重点培养学生从事科学研究创新工作的能力和素质。专业学位硕士是培养在某一专业（或职业）领域具有坚实的基础理论和宽广的专业知识，具有较强的解决实际问题的能力，能够承担专业技术或管理工作，具有良好职业素养的高层次应用型专门人才，课程设置以实际应用为导向，以职业需求为目标，教学内容强调理论性与应用性课程的有机结合。

近几年，专业学位硕士社会认可度越来越高，目前专业领域对高级专门人才的需求越来越强烈，很多用人单位对专业学位硕士含金量的质疑也随其发展而逐渐减少。另外，专业学位硕士的学习和考察内容更加侧重考生多方面的能力，课程设置上以实战为主，注重培养学生研究实践问题的意识和能力。在就业压力下，考生选择考研目的性更强，希望既能获得学历，又兼顾实用性，此外，专业学位硕士"扩招"，考生自然从传统的学硕转战到专硕。尤其近年来专业学位硕士的发展前景乐观，就业前景和就业竞争力都不输学术型学位硕士，因此，考生们对专业学位硕士的认可度提升了，但与之相对的，在这几年专硕的报考竞争激烈程度也大大超过了学硕。

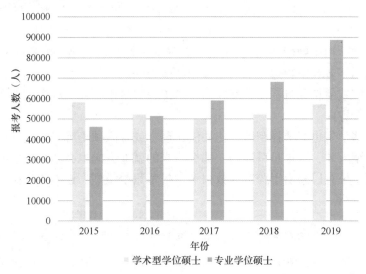

图 5-3　湖北省 2015—2019 年报考学术型学位硕士和专业学位硕士的人数对比

（2）备考应试化　激烈的竞争及各商业机构的宣传使得当今的考研已经过于功利化、应试化，一定程度上忽视了综合能力的培养与提高，许多学生由于缺乏正确的引导和深度的思考，考研目的不明确。在这种情况下，尽管研究生人数不断增长，总体研究生的学术层次却难以有所提升。

（3）难以解决就业难题　大多数人考研是为了解决就业问题，但随着研究生的不断扩招，研究生人数增长，就业仍然是难题。用人单位录用人才重心上移，使很多研究生从事原本本科生可以从事的工作，本科生从事原本专科生可以从事的工作，造成人才浪费。

2. 工程造价专业的考研现状

工程造价专业本科期间所学课程包括工程制图与 CAD、房屋建筑学、建筑材料、建筑力学、建筑结构、土木施工技术、工程项目管理、工程经济学、建筑工程计量与计价、安装工程计量与计价、工程造价管理、建设工程招投标合同管理、建筑电气与施工等，已经基本涵盖了本专业在工作中可能会涉及的所有方面。由于工程造价又是一门实操性很强的学科，相关职业技能资格证书十分重要，因此也有部分观点认为工程造价专业本科生没有考研的必要。但是在研究生期间，学习的内容会更多偏向将这些技术性知识与管理知识综合运用，帮助学生更加细化自己的方向并深入学习。此外，要想提升自己的长远发展水平，学历和经验同等重要。

工程造价专业是一门综合性学科，涉及经济学、管理学、土木工程等，因此，工程造价专业学生的考研方向大致分为两种：相关对口专业深造和跨专业深造。

相关对口专业中，学生通常选择管理学方向和工学方向。

例如"管理科学与工程"一级学科，属于管理学门类，该学科是管理理论与管理实践紧密结合的学科，综合运用系统科学、管理科学、数学、经济和行为科学等，研究解决社会、经济、工程等方面的管理问题，工程造价就是其下设的二级学科。"管理科学与工程"下设"建设工程项目管理""建设成本规划与控制""房地产开发与经营"等方向（此处只列出了部分方向，具体可在中国研究生招生网中查询）。

"土木工程""土木水利""结构工程"一级学科，属于工学门类。门类下设置"土木建造与管理""工程项目管理""绿色建筑技术与管理"等方向（此处只列出了部分方向，具体可在中国研究生招生网中查询），重视实践导向，与工程领域的实际工程联系紧密，其培养目标主要是为企业和工程建设部门培养创新能力强的高层次复合应用型、研究应用型人才，与工程造价管理的培养目标契合度较高，是工程造价学生在工科方面考研深造与本专业衔接度较高的专业方向。

此外，有一些学生也会选择跨考，比如法律硕士或金融硕士等，希望利用自己的工科背景发展成为复合型人才，这也是可以的，那么将来的就业方向也必然会发生相应的变化。而且法律与金融硕士一直以来由于跨考人数很多，报考竞争激烈，这需要根据个人喜好以及对未来的展望具体分析。

5.1.2 考研动机的因素分析

考研之前最重要的一步就是明确自己的考研动机是什么，凡事只有明确了动机才能有动力支撑坚持下去。考研的动机具有多样性和复杂性的特点，既有内部因素的作用，也有外部因素的影响，且往往不是单一的原因，而是多种因素共同作用，概括起来有大致以下几个方面。

1. 渴望继续深造

有些同学对所学专业由入门到入迷，希望能通过进一步的学习来完善自己的知识结构，期待在该领域的学术上有所建树，因而产生了考研以继续深造的想法，这是研究生的本来含义，也是最原始意义上的考研动机。

2. 就业形式影响

自从我国恢复高考以来，本科毕业生人数一直呈增长态势。据统计，2010 年，全国普通高等学校毕业生人数 575.4 万人，到 2020 年，已增至 874 万人。高校本科毕业生人数的增长导致本科生在职场中含金量降低，职场竞争越来越激烈。

本科生供大于求，研究生供求两旺，这是近几年高校毕业生就业的基本形势。因此，攻读硕士学位，提高自身学历和素质，不仅暂缓了就业压力，对未来扩大就业面也增加了保障。

3. 群体效应

有一部分同学最开始可能并没有考研的意向，也不知道考研能给自己带来什么，但看到周围的同学都在为考研而奋斗，而自己没有明确的职业规划和学习目标，容易感到焦虑和空虚，从而加入考研大军，这是典型的考研动机不明确。出于这种原因选择考研的学生往往失败率较高，完全没有想明白自己未来的发展规划及自己究竟是否适合考研，后期遇到挫折时也难以坚持。

4. 名校情结

现如今很多企业对人才录用不光看重学历，也看重学校出身。有些高考发挥失常的学生希望通过考研逆袭到名校。为梦想而奋斗当然是值得鼓励的，但在考研竞争激烈的前提下，适当综合考虑形势、自身水平和抗压能力，确定一个合理的目标也是必要的。

5. 户口地区问题

经济发达地区优越的平台、舒适的工作环境及优厚的待遇，也是部分学生积极考研的诱因，一些来自边远城市的学生，会因为无法顺利解决户口问题而不能留在这些地区继续发展，而部分发达地区的考研政策可以解决这个问题。

6. 家长期望暗示

还有一些学生考研可能并非完全出于个人意愿，而是来自家庭的压力，父母对其寄予了很高的期望，考研成了求学的必经之路。这种情况建议与家人多沟通，长辈的意见有一定的道理，但学生也可以理性表达自己的观点。

5.1.3　考研的利与弊

1. 考研的利

（1）拥有继续深造的机会　本科阶段的学习课程大多比较宽泛，对于工程造价专业的学生，除了学习计量与计价，还需要学习土木施工、工程经济、招投标合同管理、工程安全等方面的课程，往往是面广而深度不够，进入研究生阶段，主要培养的是科学研究能力，能够在某一个领域深入学习，对其有清晰的认知，掌握相关的知识和技术，并具备进一步技术开发或学习研究的能力。

随着经济与科技的不断发展，社会对于研究生的需求也越来越大，考研和读研本身就是一个战胜自我、完善自我的过程，学习过程伴随着充实感，学习成果也会带来巨大的满足感，这些都会带来巨大的心理收益。

（2）增加就业机会　读研是提升个人能力的好机会，对于那些在临近毕业时还没有做好就业准备的学生，比起匆忙进入社会，考研不失为一个好的选择，将读研作为一个缓冲期，在此期间，凭借更高的平台，通过更深入地学习，为将来自己的职业生涯做好规划。

同时，读研是一个改变就业环境的不错选择，研究生学历已经成为很多大型企业设置的一道门槛，在公务员考试中，很多中央机关及其直属机构的职位也要求报考人员具有研究生学历。虽然学历并不代表一切，但这确实意味着在同等条件下，拥有研究生学历就拥有更强的竞争力和更多的就业机会。如果能够在读研期间努力拼搏、不断积累，那么研究生的投入必将带来更多回报。

（3）构建更高层次的专业人脉　读研带来的不仅是专业领域的提升，还可以在其他很多方面有所收益。人是社会的人，社会是人的社会，专业能力固然重要，但在往后的发展道路上，团队协作能力、人际交往能力及人脉资源都在一定程度上会对职业生涯有所影响。而通过读研，可以开拓自己的视野，获得更高的平台，认识行业内更优秀的人并向他们学习，构建良性的更高层次的专业人脉。

2. 考研的弊

（1）经济成本与时间成本　自 2014 年秋季起，国家规定向所有纳入国家招生计划的入学研究生收取学费。全日制学术型学位研究生收费标准，每年每生不超过 8000 元，全日制专业学位研究生收费标准更高，大多数学校学硕和专硕的学制都是 2~3 年，在经济不能独立的情况下，还要考虑个人的生活开销等。对于特别困难的家庭而言，尽管有补助，仍然是一笔不小的开销，而与此同时，直接工作的同学可能在经济上已经独立，并且积累了不少工作经验，这需要结合自己家庭实际情况判断。

此外，研究生学历会带来更多优势是毋庸置疑的，但其在毕业后的短期内是否可以直接反映到薪资水平上却是不一定的，当研究生毕业初入职场时，有可能会发现自己的薪水并没有比本科毕业的同学高多少。因此，选择读研时一定要考虑经济条件是否允许，家人是否支持，自己又是否能够承受种种可能产生的后果。

备考期间的经济成本和时间成本也不容忽视，硕士研究生入学考试一般在第七学期末的12月份（针对本科学制为四年的情况），大多数考生的备考时间为 9~12 个月。考研需要日复一日的坚持，同时还面临本科期间的课程、设计、实习等。

（2）机会成本与心理成本　如今的考研堪比千军万马过独木桥，每年都有大量的二战乃至三战、四战的考生，竞争十分激烈，这也就意味着相应成本会增大，同时还会面临很大的心理压力，如果考研失败，学生可以选择直接工作或继续考研。如果选择工作，学生很可能已经错过校园招聘的最佳时间，但每年还是有不少同学在校招结束后也一样找到了不错的工作。

如果继续考研，其优势是拥有经验和决心，在经历失败之后，知道自己失败的原因，着重弥补短板，复习事半功倍，也更加拥有破釜沉舟的勇气和决心，同时，相比于第一次考研期间需要处理期末考试、毕业设计等，毕业之后会拥有充足的复习时间。

但同时也面临着一些问题：一是备考环境，无法再像在校生一样随意进出学校的自习室和图书馆，也不再拥有固定的宿舍；二是与家人的沟通，备考的资金来源和环境条件都需要家庭的支持，家人的鼓励和包容也能帮助考生更好地备考，因此与家人良好沟通并获得帮助也十分重要；三是心理落差，同时毕业的同学大多数都已经有了自己的去处，读研或工作，而自己还孤军奋战在考研的道路上，前途未卜，难免会产生巨大的心理压力，造成焦虑，这需要自己及时调整，化压力为动力。

5.1.4　提高考研成功率的方法

1. 明确考研动机

首先要明确自己考研动机，是希望继续深造还是为了更好地就业，是群体效应还是名校情结，或是家长的期望。明确考研动机，不盲目跟风，结合自身实际情况做出理性的决定，才是成功的前提。

2. 做好前期信息收集工作

考研不仅考察知识水平，同样也考察其他方面的能力，比如前期信息的收集、筛选，在信息时代，一定要学会利用好互联网。

（1）中国研究生招生信息网（研招网）　中国研究生招生信息网是全国硕士研究生报名和调剂的官方指定网站，收录了关于考研的最新国家政策及资讯，包含全国各院校硕士目录的查询功能，通过选择拟报考的省市、学科类别、学习方式等，即可快速查询到开设该专业的院校，大部分还可查看拟招收人数及初试科目。另外，还可通过最新一轮"全国学科评估结果"了解大部分高校各一级学科的评选结果。

（2）各高校硕士研究生招生官网　在目标院校的研究生招生官网中可以获取更具体的信息，如最新招生简章、最新硕士研究生招生目录（其中包含具体的初试科目、复试科目，部分院校会公开专业课参考书。大多数高校在当年的 9 月发布最新文件，此前可以参考往年文件）及往年复试分数线、往年录取平均分、导师信息等。

（3）其他途径　除了官方网站，网络上关于考研的信息也非常多，不乏有许多考研辅导机构的宣传，有些确实有参考价值，但学生在网络上查询相关信息时一定要注意辨别，独立思考，不要盲目跟风，以免造成不必要的经济损失，同时也可以向往年考研的学长咨询相关信息。

3. 确定目标院校与专业

应届生研究生考试的报名时间一般在每年的 9 月（预报名）和 10 月（正式报名），报名流程在中国研究生招生信息网上进行，正式报名之前要确定好报考的目标院校与专业，正式报名结束后不可更改。

如何选择目标院校与专业也需要提前做好功课，建议综合考虑自己想要报考的省市、高校、所需考查的公共课与专业课、学硕还是专硕、考查难度、往年报录比、历年复试分数线、录取平均分等因素，选择一个在自己能力范围内的理想院校和专业。在竞争激烈的大环境下，选择和努力是同等重要的。

另外，报考国内各大高校的硕士研究生目前是绝大多数学生的选择，但也有一些其他的选项可供参考。

（1）科研院所的硕士研究生　科研院所与高校的硕士研究生在一些方面是有区别的。高校数量很多，地点遍布全国，学生报考时选择范围大；科研院所数量少，报考选择范围小，考上难度相对较大。高校属于教育系统，有着良好的教育科研氛围，校园氛围浓厚，偏向于综合实践。科研院所则大多是政府部门下属的事业单位，有着良好的科研工作氛围，偏向于研究型，学术活动往往更加有专业性，针对性更强，更适合工科专业希望潜心研究的学生报考。

高校拥有更多的文献资源，万方、知网、期刊论文、学术论文、电子图书、外文数据库等各类文献数据库非常齐全，而研究院所的资源范围较窄，更有针对性。高校的资源通用性更强，而研究所的资源专业性更强。

国家对所有纳入招生计划的全日制硕士研究生均安排拨款，所有纳入招生计划的硕士研究生都要缴纳学费。而考上研究所的研究生大多不用交学费，研究项目与科研经费也比较多。

（2）出国深造或中外合办项目　去国外深造也是读研的一种选择，但一般对本科期间绩点及科研成果、外语水平要求较高，学制普遍较国内更短，学费等开销也远大于在国内读研，如果学生有出国深造的想法和经济条件，应当在大一大二期间就多搜集相关信息，做好准备。

随着中外学术的交流与融合，国内很多高校也开办了中外合办项目，这类专业的报考难度一般略低，费用高于在国内读研，低于出国深造，可以成为一个想要降低考研难度的性价比不错的选择，但这类项目的办学实力、社会认可度等往往良莠不齐，学生一定要详细了解和对比后再做打算。

4. 做好备考期间的工作

做好自己的学习规划，按部就班地完成，平衡好考研复习与本科课程、毕业设计之间的关系。考研是一场持久战，日复一日的坚持才是最大的秘诀，同时也要注意劳逸结合。

5.2 工程造价专业就业探析

5.2.1 工程造价专业就业现状

1. 行业对专业人才需求量大

工程造价专业是教育部根据国民经济和社会发展的需要而增设的热门专业之一，是以经济学、管理学、土木工程为理论基础，从建筑工程管理专业上发展起来的新兴学科，最早于1999年开始招生。在项目投资多元化、提倡建设项目全过程造价管理的今天，造价工程师的地位日趋重要，在国际上，项目业主一般喜欢聘请工料测量师（也称费用经理），协助业主进行全过程的工程造价管理。

2003年至2010年，我国对建筑类人才的需求不断增加，建筑行业从业人员中，约78%分布在建筑施工企业和市政工程施工企业，在专业技术和经营管理人员中，本科以上学历占10.19%，专科学历占30.40%。此后10年，如果造价队伍从业人员平均按4000万考虑，技术与管理人员要达到30%，即1200万人左右，需要补充技术与管理人员600万人，年均60万人。因此，相关专业岗位对于拥有更强实践能力和动手能力的高级专门人才有着迫切需要。

随着我国建筑市场的快速发展及造价咨询、项目管理等相关市场的不断扩大，各建筑业主体，如建筑安装企业、房地产公司、咨询公司等对造价人才的需求都在不断增加，几乎所有工程都要求全过程造价管理，包括开工预算、工程进度拨款、工程竣工结算等，不管是业主还是施工单位，或第三方造价咨询机构，都必须具备自己的核心造价人员。为了适应人才市场的需求，很多高校纷纷开设工程造价专业，经过二十年的建设与发展，工程造价专业已形成一定的规模。

工程造价专业是一门实用性很强的学科，在经济市场中具有就业范围涉及面广、人才需求量大、发展机会广阔、薪资优厚等特点。然而由于基础建设投资力度的加大和城市建设的迅猛发展，以及各高校的工程造价专业生源人数迅速扩大，尽管当前建筑市场的发展需要大量造价方面的人才，但目前仍存在不少优质造价专业人员无法顺利就业的情况。

总之，当下的建筑市场正处在高速发展阶段，工程造价专业依然有很好的发展前景，但这要求相关从业人员具备较高的职业综合能力、技术应用能力，不仅需要具备丰富的实践工作经验，也要掌握建筑市场前沿的发展趋向。

从业人员必须提高个人综合能力，才能保持在行业中的可持续发展。一名优秀的工程造价人员，应该了解一般的施工工序、施工方法、工程质量和安全标准；熟悉建筑识图、建筑结构和房屋构造的基本知识，了解常用建筑材料、常用机械设备；熟悉各项定额、人工费、材料预算价格和机械台班费的组成及取费标准的组成；熟悉工程量计算规则，掌握计算技巧；了解建筑经济法规，熟悉工程合同的各项条文，能参与招标、投标和合同谈判；要有一定的计算机应用基础知识，能使用软件编制施工预算；能独立完成项目的估、概、预、结算等工作；还需要具有良好的沟通能力、协调能力以及工作执行能力。

2. 就业岗位日趋多元化

随着工程建设的不断发展及市场对工程造价人员的需求，工程造价毕业的就业岗位日趋多元化，造价专业覆盖的项目管理内容也很广，从招标到预算，从设计到施工，这在很大程度上优化了学生的就业选择面。除了在人才市场求职，也有一些学生会选择自主创业，这表明了一种多元化的就业前景，学生可以在更广阔的平台上谋求发展，可选择的企业部门也非常多，例如建筑施工企业（乙方）、建设单位或事业单位基建部门（甲方）、设计院、房地产开发企业、第三方造价咨询单位或项目管理公司、建筑装潢装饰公司、工程建设监理企业等。

3. 就业率与就业流向

工程造价专业的就业率比较有保障，按照就业统计标准统计，只要签订劳动合同、出国工作、读研深造、响应国家号召参加地方基层项目、自主创业、应征入伍等都计入就业人数中，少数未就业的学生主要是打算考研或考公务员或其他原因暂缓就业。

从学生就业的职位来看，基本上从基层做起，学生对于职业的认知度普遍比较高，也愿意从基层做起，为将来的职业规划打下坚实的基础。从近几年毕业生的就业流向来看，国有企业、大型民营企业、造价咨询公司以及其他专业对口的企业更受学生青睐，毕业生认为能够将本科四年所学应用于工作中，大学学习才不算虚度，能够学有所成无疑是最理想的就业方向。

总的来说，工程造价专业就业水平比较乐观，但在学生就业过程中也存在着一些问题。

（1）就业准备存在盲目性　以市场需求为导向的工程造价人才培养模式必然导致市场机制下的巨大就业竞争。不少学生在校期间对于就业的态度都是很乐观积极的，积极参加各类实践活动，担任学生干部等，这在一定程度上提升了学生的实践能力，但也有很多同学对于如何准备就业完全没有头绪，只是在校园招聘时加入了校招队伍。对于选择本科就业的同学来说，更应该提前规划自己的就业方向，多了解招聘信息和行业新闻，利用实习、实践等机会来充实自己。

根据调查发现，企业招聘毕业生时考察因素排在前四位的是道德品质、团队精神、社会工作经验及专业学习成绩，这也说明企业不只看学生成绩好坏，更多的是看重学生的个人素养及是否能够快速融入团队。专业水平稍有不足，可以通过后期的学习和不断的实践来加强，但个人素质却是很难改变的，因此，学生除了加强自身专业能力的提高，还应该注重自身综合素质的培养。

（2）就业地域与流向制约　工程造价毕业生的工作地域选择范围比较广，尤其是选择去施工项目一线的学生，这是由于建设工程项目地点遍布全国。就业时学生主要偏向两种选择：一是回到自己的家乡或生源地，这样既可以照顾亲人，又可以利用家乡或母校的人脉资源为自己未来的职业规划提供帮助，但这一方面制约了学生的就业区域，也一定程度上影响了就业率；二是选择去北上广等发达城市，这些城市的发达程度意味着更多的发展机会，但同时也意味着更高的生活成本和生存压力。而学生不愿意去陌生的中小城市，主要是因为这些城市既不是自己熟悉的地区，工作机会较少等。

（3）就业观念存在偏差　如今，大学生"有业不就"的现象比较显著，不少人在毕业前没有利用好机会去提升自己，或者由于受到本科出身、自身能力、机遇等原因限制，在校招时发现自己被一些理想的公司和岗位拒之门外，又对于愿意接纳自己的公司并不满意，于是选择了不就业，形成恶性循环。

其实，当前大学生在就业时对于工作不满意的现象是比较普遍的，这来源于学生对于行业内经济现状和自身能力匹配度了解的不充分，在毕业时自然会有很大落差，无所适从。但还是建议选择就业的学生先就业再择业，利用好应届生身份选择一份尽可能满意的工作，在工作中去不断学习提升，发现自己的问题，弥补之前的短板，逐渐发现自己适合的职业方向并为之努力。届时，工作经验和各种职业资格证书及优秀的个人综合能力也会帮助学生获得更好的发展前景。

　　总之，学生应该对工程造价的专业性质有清醒的认知，没有基层的实践，要想干好本专业的工作，成为行业的领军人物，是不现实的，毕业生要从底层踏踏实实地做起，才能走得更远。

5.2.2　工程造价专业未来就业的发展方向

　　工程造价人员可从事的岗位范围是相对较广的，可就业于建筑施工企业（乙方）、建设单位或事业单位基建部门（甲方）、设计院、房地产开发企业、第三方造价咨询单位或项目管理公司、建筑装潢装饰公司、工程建设监理企业等，本专科毕业生一般在相关单位从事建筑结构、安装、市政等方向的工程预结算、工程审计、投标报价等工作。

1. 建筑项目施工技术类工作

　　工程造价在建筑相关专业中属于技术性较强的一门专业，因此希望在施工技术方向发展的造价人员可以选择建筑项目施工技术类的工作岗位，如建筑施工项目经理、建筑工程结构设计师、工程图纸设计师等，可选择的行业有施工单位（承建单位、乙方）、建设单位（甲方）、房地产开发单位。在选择此类就业方向时，可以根据自身的技术能力代表方向及市场饱和度来选择与自身能力更匹配的岗位。

　　例如，如今高层建筑的建筑施工已经开始趋于饱和，未来建筑市场，地下建筑施工项目或道路交通、桥梁结构等市政工程将具备较好的发展前景，国内安装工程方向的造价人员也一直比较稀缺。

　　从事建筑项目施工技术类工作的毕业生大多会向着项目经理、土建造价工程师、建造师等岗位发展，可以考取一级建造师、二级建造师等职业资格证书。

　　工程技术方向就业往往在施工现场管理层面上的对口岗位比较多，一般需要常驻建筑施工项目一线，具有时间紧、任务重、环境较艰苦、工作地点不稳定等特点，具体情况要视公司和项目而定。由于其工作环境的特殊，女生的就业选择权利相对较小，但总体发展前景可观，当取得了实践经验及相关证书之后，可以向总工、项目经理等高级管理层迈进。

2. 工程预结算类工作

　　工程预算类工作要求从业人员具备较高的预算能力和管理能力，相比于施工技术类的工作，如果对数据敏感、耐心细致、期望办公地点多在室内，可以优先选择预算类工作。如工程项目预算员、造价员、造价工程师等，从事预算类行业的造价人员一般需要考取一级造价师、二级造价师等证书，可以选择施工单位、房地产开发单位、第三方造价咨询公司、项目管理公司等单位。

　　这类岗位不但要求从业人员有较高的专业能力，更要求从业人员有敏锐的市场洞察能力，因此，对于刚毕业的同学，一定要在前几年潜心学习、踏踏实实地提升自己，争取独立接手项目，尽快提高自己对于各类计量计价软件的运用熟练程度，在项目中积累实践经验。

建筑工程预算的编制是一项艰苦细致的工作,它需要专业工作者有过硬的基本功,良好的职业道德,实事求是的作风,勤勤恳恳、任劳任怨的精神。充分熟悉掌握定额的内涵、工作程序、子目包括的内容、建筑工程量计算规则及尺度。

相比于施工单位,造价咨询单位的工作量偏大、周转快,个人成长也快,而在大型房地产公司,除了专业能力,更能在管理、交际等方面获得不错的综合锻炼,但工作强度也是比较大的。

工程造价专业的很多工作都需要一定的经验,对于刚起步的毕业生来说,绝大部分更倾向于在建筑建材和建设工程领域就业,也有部分毕业生会考虑房地产行业、家居和室内设计装潢行业。还有一些学生由于自身喜好,独辟蹊径选择进行人力资源或财经相关的咨询服务,或在新能源、环保等行业就职。但从整体来看,大部分毕业生更加倾向的岗位是预算员、造价员、造价工程师等,这些岗位对于工程造价毕业生来说,不仅可以尽快熟悉与造价密切相关的工作内容以获取对口经验,而且可以在未来找到更广阔的发展空间。

预算类工作的起步薪资可能较低,前期工作内容枯燥,但在工作经验和证书的加持下,发展前景非常不错,综合能力强的造价人员完全可以在就职中提升自己的薪资标准,并逐步向管理层迈进。从个人来讲,如果能够充分结合工程建设施工和工程造价专业知识,工程造价人才的核心素养会因此而变得更加适应社会发展,个人也将拥有更广阔的发展平台。

3. 工程质量监督与管理类工作

除了以上两种比较熟知的就业方向,还可以选择工程质量监督或管理类的工作,如资料员、档案员、项目管理员、监理工程师等,可选择的行业与部门有质量监督管理公司(建筑施工或市政方向)、工程施工质量检测与评估部门等。

为了提高建筑市场的可持续发展能力,同时随着国家施工政策的不断完善,甲方对建筑工程的质量管理要求越来越高,建筑质量监管等工作岗位应运而生,当下也具备了较为广阔的发展前景。此类工作要求从业人员掌握建筑项目施工的整体规范化流程,也要求直接监理人具备负责任的工作态度。

对于刚毕业的学生,可以从资料员、监理员做起,通过考取相关证书并积累工作经验,向总监理工程师发展。

4. BIM 及相关培训类工作

BIM 技术作为建筑业信息化的重要组成部分,具有三维可视化、数据结构化、工作协同化等特点优势,给行业发展带来了强大的推动力,有利于优化绿色施工方案,优化项目管理,提高工程质量,降低成本和安全风险,提升工程项目的管理效益。在信息时代,BIM 也成为了一个新的就业方向,由于建筑领域新技术的碎片化特点,目前 BIM 在招标投标阶段、项目施工阶段与工程造价领域应用的比较多。

包含的工作岗位有:①BIM 建模员,只负责将每个专业的设计图纸进行翻模,可能会涉及做一部分设备构件模型库;②BIM 专业工程师,具有专业背景知识,兼具一定 BIM 技术能力,这类人员在 BIM 的未来趋势下将占有更高的地位,需求量也比较大;③BIM 总监和BIM 项目经理,所有项目的开展都是在这类人员的监管之下,属于高层管理人员;④BIM 咨询顾问,从业人员水平参差不齐,一般是以上三类人员的集合体,工作内容与时间也不是很固定,根据项目具体需求而定。

另外，随着互联网的不断发展，出现了许多关于 BIM 培训、造价师考试培训师等岗位，尤其是 BIM 方向，培训人员仍然有大量缺口，也有一些学生会选择这个方向作为职业生涯的起点。相比传统工作岗位，这是一个新的机会，但机遇同时也会带来挑战，要承担不稳定、发展前景不明等风险。BIM 这个行业目前的需求量虽然大，但需要的并不是只会简单建模的人，而是兼有深厚专业知识背景和 BIM 集成技术的人才。

5.2.3　本科就业的利与弊

1. 本科就业的利

（1）积累工作经验　工程造价是一门需要很强的实践背景和动手能力的专业，有些公司会更青睐有丰富实际经验的员工。由于没有考研的压力，学生可以在大学本科期间系统地学习专业知识并博览群书丰富知识结构，有时间参与大量的实践活动或社会实习来提升综合实践能力。将高校阶段所学的专业知识直接运用于工作实践，有利于及时满足社会经济发展对人才的需求，学生毕业时进入基层锻炼，加强学习，毕业后的两到三年能积累大量的工作和社会经验，有可能脱颖而出成为业务骨干，并能基本确定自己的职业发展方向。

而且，本科毕业时选择了就业并不代表就要放弃研究生学历。工作几年后，根据自己的实际职业规划，如果有继续深造的想法，读非全日制研究生也是不错的选择。此时从业人员拥有丰富的工作经验，而且通过职场的锻炼后，更能准确定位自己的目标和水平，带着实际工作中的问题来读研，将工作和学习充分结合，也许会有更好的效果。

（2）减轻家庭负担　本科就业率的提高有利于缓解社会、家庭的双重压力，备考过程以及读研期间的费用开销都不小，对于条件不允许的家庭来说，这是一笔不小的负担，就业可以缓解经济压力，待经济状况好转之后再重新规划。

（3）尽早适应社会　校园与社会有很大区别，尽早进入社会才能尽早适应社会，熟悉职场环境，锻炼自己的表达能力、交际能力、为人处事的能力。相对环境单一的学校，社会才是大学生真正学习成长、培养能力的地方。

2. 本科就业的弊

高校人才培养的实际效果与市场需求之间存在偏差，使得本科毕业生就业问题日趋突出，如果一味强调就业，难免会出现误区和弊端，对此要保持清醒的头脑。

本科毕业生就业难的原因之一是专业知识不广不深，创新能力与社会适应性不强。用人单位普遍反映，现在的应届本科毕业生跟过去的毕业生相比整体素质有所降低，社会需要的人才既要有足够扎实的专业功底，又要能够将所学知识运用到实践中去，因此，不论是否读研深造，对于刚毕业的同学来说，脚踏实地都是最重要的。

此外，学生更加重视职业资格技能证书，忽视了综合实践能力的提升。为了提升自身的就业竞争力，许多本科生在大学期间参与了各种职业资格培训与考试，职业资格证书正发展成为检验教育教学是否适应社会市场经济发展的重要尺度，也成为检验学生专业技能是否合格的重要标准。但比起证书的考取，个人综合实践能力更加重要，而且许多专业相关的重要证书都要求一定的工作年限，不是本科生在校期间就可以考取的，这也再次证明了实践能力的重要性。

总的来说，本科生就业可能会面临的弊端有起点工资可能偏低，就业层次也可能偏低，将来的发展有可能因为学历问题受阻；在工作中再考研，学习条件、时间、精力等都不如在校期间。

5.3　正确的考研与就业观念

5.3.1　树立正确的考研观念

1. 考研不是逃避就业的退路

学生需要明确研究生毕业了同样要面临就业的问题，任何工作都是要辛苦付出的，读研也一样。如果只是把考研当作躲避就业压力的退路，那么在认知上就是错误的，这意味着失去的是机会，增加的是成本，要理性选择适合自身条件的发展道路。

2. 考研与否要从个人实际情况出发

加强自我认知，清楚自己未来发展的方向，认真思考自己的实际情况，对考研与就业做出客观分析。

3. 考研只是人生的一个选择

无论是考研还是就业，都只是人生中的一个选择。如果考研成功，自然皆大欢喜，那么在研究生期间同样需要努力学习，充实自己。选择考研是为了提升自己的能力和竞争力，考研不会是成功的唯一出路，研究生学历也不是成功就业的绝对保障。如果失败，这也只是一次考试而已，学生依旧可以选择直接参加工作，也可以选择继续考研，或者先工作几年再考研。

人生需要一个目标，但这个目标不应该只是考上研究生，过程更加重要，用积极的心态去拥抱不确定性，给自己一个强大的信念，才是通往成功的必要条件。

5.3.2　树立正确的就业观念

1. 当今时代是终生学习的时代

对于选择早点进入社会锻炼自己的学生来说，本科的起点其实并不低，人的差别更多的是体现在对过程的追求上，选择先工作再深造也完全可以，如果有克服工作中种种困难的能力和勇气，那么相信在考研路上也一样。

当今是知识经济时代，毕业生想要成为企业需要的人才，不但要掌握扎实的专业知识，更要提高道德文化修养水平，加强自身综合素质培养。大学生首先应该学会做人，做一个诚实守信的人，保持踏实的作风，慎重就业择业；其次，大学生应该学会做事，扎实学好专业技能知识，掌握全面的实践动手能力，积极参加社会实践活动，学会将自己的知识转变为社会需要；最后，大学生还应该学会创新，跟随社会发展的节奏，不断接触新知识、新想法，学习新技能，自我提升，大胆创新，以适应新时代发展的需要。

不管将来是否选择继续深造，都要通过各种方法在工作中从多方面不断提升自我。就业市场人才的竞争，其实主要还是自身专业技能和综合素质的较量，因此，学生必须加强自身的建设，练好基本功，同时不断扩大知识面，提高社会适应性，养成终生学习的习惯，提高就业的竞争力。只有不断努力、积极面对各种困难、勇于接受各种挑战、不畏惧失败才能找到自己理想的职业。

2. 从个人实际情况出发择业

要学会以积极、理性、客观的心态面对现实，不设定过高或过低的期望，务实地做出适合自己的选择。

毕业生择业时首先要认识自己，了解自己的长处、爱好、能力、性格特点及专业技能，全面综合的审视自我，对自己做出一个恰当准确的定位，以帮助自己更好地确定择业方向。对自己的认识，尽量避免两种极端倾向，既不要高估自己，将就业标准定得太高或不切实际，从而影响顺利就业，也不要低估自己，不敢去尝试理想的单位，从而导致失去本可以得到的机会，对自己恰当的评估是正确择业的前提和基础。

也许不少学生对于如何正确评估自己会存在疑惑，因此建议就业前根据自己的学业安排尽量多参加实习，多关注各大就业平台的招聘消息，了解行业内有哪些自己心仪的公司和岗位，招聘条件具体有什么要求，自己距离公司用人的标准在哪些方面还有差距，利用毕业前实习的时间，有针对性地提高自己。

3. 无论考研还是就业都需要适应社会的发展

不管考研还是就业，都是职业生涯的规划问题，关键是要摆正心态、看清自己的实际情况，具体问题具体分析，做出一个理性的选择，为自己的长远发展做出规划。

如今，社会已经进入终生学习的时代，不分教育阶段和工作阶段，学习会在各种环境和场合进行，学校也只是学习的一种场所，学习的形态和方式呈现多样化，越来越讲究个性和自主性。每一阶段的学习都只具有相对的意义，考试成绩和文凭已经不再是检验一个人能力的唯一标准，社会更加关注的是一个人是否具有较高的科学文化素养，自身是否能不断提升、成长，最关键的是能否适应社会发展的需求。

4. 调整就业心态，树立正确就业观

首先，学生必须加强心理素质的锻炼，不断提高自身抗压能力，提高适应能力，认清就业形势，认清自己的优势与劣势，树立正确的就业观，建立灵活的就业意识。

大型企业和国有企业固然是良好的发展平台，但在中小型企业、私营企业就业，可以发挥自己专业所长，与公司一起成长和进步，同样也能实现专业理想。因此，学生可以选择先就业，后择业，再往自己理想的专业方向发展。

就业与社会需求息息相关，就业必然会受到社会发展的制约。可以把社会需求作为出发点和归宿点，以社会对自己的要求为尺度，去观察问题、认识问题，在此基础上，发挥个人优势，将个人求职意愿与社会客观发展需求相结合，实现人尽其才，才尽其用。此外，择业时还应该树立正确的价值观，避免攀比心理、功利心理、从众心理等不良心理。

本章小结

本章分别就工程造价考研和毕业后直接就业进行了相关指导。初入校园时，这二者的选择或许并不明朗，因此，本章旨在于意识的培养。当学生在大学的学习过程中，有了二者之一的决策时，可以再次翻看本章，获取一些决策基本信息。

思考题

1. 引发本科生考研动机的因素有哪些方面？
2. 简述提高考研成功率的方法。
3. 工程造价专业就业现状如何？未来就业的发展方向有哪些？
4. 结合自己的实际情况，谈谈本科生考研和就业的利与弊。
5. 如何树立正确的考研与就业观念？

第6章
工程造价行业的发展

6.1 工程造价咨询行业发展现状

随着我国市场经济体制不断完善，建筑业发展迅猛，工程造价咨询企业也蓬勃发展。在当今世界多元化的背景下，我国工程造价咨询企业拥有更多发展的机遇，同时也面临着挑战。

6.1.1 工程造价咨询企业规模

根据住房和城乡建设部发布的 2011—2019 年工程造价咨询统计公报，对参与统计的工程造价咨询企业的数量、增长率、不同资质等级企业数量及占比、经营范围等情况进行统计，见表 6-1。

表 6-1 工程造价咨询企业规模及经营范围（2011—2019 年）

年份	工程造价咨询企业数量（家）	较上年增长率	甲级工程造价咨询企业数量（家）	甲级工程造价咨询企业占比	乙级工程造价咨询企业数量（家）	乙级工程造价咨询企业占比	专营工程造价咨询企业数量（家）	专营工程造价咨询企业占比	兼营工程造价咨询企业数量（家）	兼营工程造价咨询企业占比
2011	6493	–	2045	31.50%	4448	68.50%	2611	40.21%	3882	59.79%
2012	6630	2.11%	2235	33.71%	4395	66.29%	2273	34.28%	4357	65.72%
2013	6794	2.47%	2485	36.58%	4309	63.42%	2131	31.37%	4663	68.63%
2014	6931	2.02%	2774	40.02%	4157	59.98%	2170	31.31%	4761	68.69%
2015	7107	2.54%	3021	42.51%	4086	57.49%	2069	29.11%	5038	70.89%
2016	7505	5.60%	3381	45.05%	4124	54.95%	2002	26.68%	5503	73.32%
2017	7800	3.93%	3737	47.91%	4063	52.09%	1961	25.14%	5839	74.86%
2018	8139	4.35%	4236	52.05%	3903	47.95%	2207	27.12%	5932	72.88%
2019	8194	0.7%	4557	55.61%	3637	44.39%	3648	44.52%	4546	55.48%

注：表中数据均为参与统计的企业提供的数据，与工商部门的企业注册信息或有不一致。

从企业数量看，2011—2019 年期间，工程造价咨询企业的数量由 6493 家增长到 8194 家。2011—2015 年，工程造价咨询企业数量年均增长比较平稳；2016—2018 年，增幅明显加大，与国家基建投入的加大及投资管理的需求增加相匹配。2019 年开始出现增幅放缓，这是工程造价市场化改革、企业规模化发展及企业品牌打造、转型升级必然的市场反映。随着工程造价咨询服务的市场需求越发向建设项目全寿命周期的前端延伸，工程造价咨询服务的工作重心也向全过程工程造价咨询的方向偏移。随着 BIM 技术的兴起，PPP 融资模式、EPC 发包模式的推进，工程造价咨询企业正在以 BIM+新技术研发与应用为核心竞争力的专业发展上寻找突破。在挑战、机遇与风险并存的转型升级过程中，对企业专业性、技术性及规模性的要求在加强，中小型企业的市场淘汰或合并、大型企业的规模化发展是行业成熟发展的必然，企业数量的增幅放缓也就成为必然。

从经营范围看，专营工程造价咨询企业的数量，2011 年 2611 家，2018 年 2207 家，2019 年 3648 家，在工程造价咨询企业中的占比由 40.21% 锐减到 27.12% 又反弹增加到 44.52%，而兼营工程造价咨询企业的占比由 59.79% 一路提升至 72.88% 又降为 55.48%。工程造价企业的咨询业务向上下产业链的招标代理、工程监理、项目管理等工程咨询延伸的趋势日渐明显，反映出工程造价咨询业务向全过程、全产业链拓展的发展态势。随着企业专业性、技术性、规模性的发展及委托方总承包模式下全过程咨询需求的增加，大型龙头企业重心向全过程咨询方向发展（多元化咨询发展，兼营）转移，中小型企业则致力于将传统工程造价咨询业务做精做专（专业辨识度发展，专营），咨询业务出现了分级。

6.1.2　工程造价咨询从业人员情况

工程造价咨询企业是技术服务型企业，从业人员尤其注册执业人员和专业技术人员是其根本的生产力。根据 2011—2019 年工程造价咨询统计公报，对工程造价从业人员数量、企业平均从业人员数量、注册执业人员数量及占比，以及专业技术人员数量及构成情况进行统计和计算，结果见表 6-2。

表 6-2　工程造价咨询企业从业人员情况（2011—2019 年）

年份	工程造价咨询企业数量(家)	年末工程造价咨询企业从业人员数量(人)	企业平均从业人员数量(人)	注册造价工程师数量(人)	企业平均注册造价工程师数量(人)	注册造价工程师占从业人员比例	专业技术人员数量(人)	专业技术人员占从业人员比例	高级职称人员数量(人)	高级职称人员占专业技术人员比例	中级职称人员数量(人)	中级职称人员占专业技术人员比例	中高级职称人员占专业技术人员比例
2011	6493	237100	37	58907	9	24.84%	205927	86.85%	39355	19.11%	96514	46.87%	65.98%
2012	6630	290595	44	62002	9	21.34%	219014	75.37%	46927	21.43%	116490	53.19%	74.61%
2013	6794	334543	49	65635	10	19.62%	233592	69.82%	49111	21.02%	124219	53.18%	74.20%
2014	6931	412591	60	68959	10	16.71%	286928	69.54%	62745	21.87%	146837	51.18%	73.04%
2015	7107	414405	58	73612	10	17.76%	282563	68.19%	59571	21.08%	146194	51.74%	72.82%
2016	7505	462216	62	81088	11	17.54%	314749	68.10%	67869	21.56%	161365	51.27%	72.83%
2017	7800	507521	65	87963	11	17.33%	339692	66.93%	77506	22.82%	173401	51.05%	73.86%
2018	8139	537015	66	91128	11	16.97%	346752	64.57%	80041	23.08%	178398	51.45%	74.53%
2019	8194	586617	72	94417	12	16.10%	355768	60.65%	82123	23.08%	181137	50.91%	73.99%

2011—2019 年间，工程造价咨询企业从业人员数量由 23.7 万人增长到 58.7 万人，净增 35 万人，企业平均从业人员数量由 37 人增长到 72 人，人员规模扩张趋势明显。但从企业人员规模的绝对数量上看，工程造价咨询企业多属于小型企业，缺少龙头型的规模性大企业。

我国自 1996 年开始实施造价工程师执业资格制度，凡从事工程建设活动的建设、设计、施工、工程造价咨询、工程造价管理等单位和部门，必须在计价、评估、审查（核）、控制及管理等岗位设置造价工程师执业资格的专业技术人员。因此，注册造价工程师是工程造价咨询企业的核心技术人才。由表 6-2 数据可知，截至 2019 年底，我国共有注册造价工程师 94417 人，企业平均注册造价工程师仅有 12 人，而且注册造价工程师占从业人员的比例呈现下降趋势，与企业的规模扩张趋势相逆（见图 6-1），说明我国注册造价工程师的发展在一定程度上滞后于工程造价咨询行业的发展，存在较大的市场缺口，工程造价咨询企业的"高质量"发展需要解决专业人才问题。

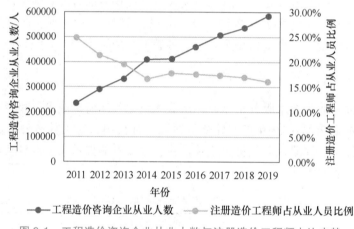

图 6-1　工程造价咨询企业从业人数与注册造价工程师占比走势

从专业技术人员数量来看，2011 年有 20.6 万人，2019 年增长到 35.6 万人，净增 15 万人；专业技术人员占从业人员的比例从 86.85% 下降到 60.65%（新技术的应用促使计算机、数据处理、软件开发等专业人员加入，企业规模的加大使得行政人员增多）；各职称级别的专业技术人员数量缓慢增长，专业技术人员的发展相对比较稳定。

为了了解建设领域各行业专业技术人员占比情况，根据住房和城乡建设部公布的各行业统计公报数据，统计工程造价咨询企业、工程勘察设计企业、工程监理企业、工程招标代理企业高、中级职称专业技术人员占全部专业技术人员的比例，并绘制了对比图，如图 6-2 所示。

图 6-2 中，工程造价咨询企业的高、中级职称专业技术人员占比均高于工程勘察设计企业、工程监理企业和工程招标代理企业，说明工程造价咨询企业的专业技术实力在行业中处于相对较高的水平。

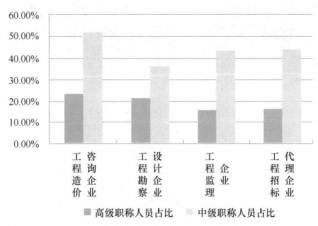

图 6-2　高、中级职称专业技术人员占比对比

6.1.3　工程造价咨询企业营业收入情况

根据住房和城乡建设部发布的工程造价咨询统计公报，对 2011—2019 年期间工程造价咨询企业的营业收入以及工程造价咨询、招标代理、工程监理、项目管理、工程咨询等业务收入及其占比进行了统计，详见表 6-3。

表 6-3　工程造价咨询企业营业收入及其分布（2011—2019 年）

年份	工程造价咨询企业营业收入（亿元）	工程造价咨询业务收入（亿元）	工程造价咨询业务收入占比	招标代理业务收入（亿元）	招标代理业务收入占比	建设工程监理业务收入（亿元）	建设工程监理业务收入占比	项目管理业务收入（亿元）	项目管理业务收入占比	工程咨询业务收入（亿元）	工程咨询业务收入占比
2011	806.85	305.53	37.90%	64.55	8.00%	148.46	18.40%	198.49	24.60%	90.37	11.20%
2012	776.24	351.6	45.30%	85.39	11.00%	154.47	19.90%	107.12	13.80%	77.62	10.00%
2013	995.42	419.6	42.20%	101.53	10.20%	189.13	19.00%	179.18	18.00%	105.51	10.60%
2014	1064.19	479.25	45.00%	101.10	9.50%	218.16	20.50%	193.68	18.20%	72.36	6.80%
2015	1079.47	516.36	47.83%	113.02	10.47%	225.18	20.86%	159.01	14.73%	65.96	6.11%
2016	1203.76	595.72	49.49%	130.25	10.82%	247.97	20.60%	134.22	11.15%	95.58	7.94%
2017	1469.14	661.17	45.00%	153.83	10.47%	285.64	19.44%	276.27	18.80%	92.22	6.28%
2018	1721.45	772.49	44.90%	176.59	10.26%	339.05	19.70%	326.57	19.00%	106.76	6.20%
2019	1836.66	892.47	48.59%	183.85	10.01%	423.29	23.05%	207.03	11.27%	130.02	7.08%

2011—2019 年间，工程造价咨询企业的营业收入从 806.85 亿元上升至 1836.66 亿元，增加约 1.3 倍，实现了大跨度发展。据国家统计局网站数据，2011—2019 年建筑业总产值分别为 137218 亿元、160366 亿元、176713 亿元、180758 亿元、193567 亿元、213944 亿元、225817 亿元、248443 亿元、263947 亿元，增加 1.3 倍；工程造价咨询企业营业收入占建筑业总产值的比例分别为 0.59%、0.48%、0.56%、0.59%、0.56%、0.56%、0.65%、0.69%、0.70%，占比呈整体上升趋势，表明工程造价咨询企业发展态势良好。根据表 6-3 数据，绘制工程造价咨询企业各项业务收入对比图，如图 6-3 所示，可以看出，工程造价咨

询、招标代理、工程监理、项目管理、工程咨询等各项业务的收入均有不同程度的提高，尤其以工程造价咨询业务收入的提升幅度最大，说明工程造价咨询业务日益成为工程造价咨询企业的核心业务。

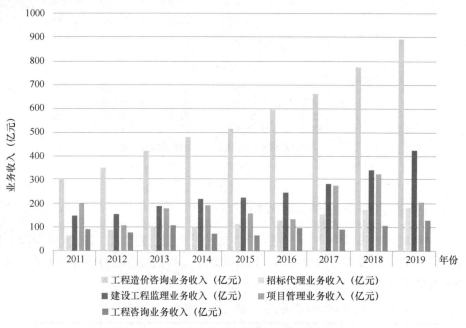

图 6-3　工程造价咨询企业各项业务收入对比

工程造价咨询企业各项业务收入占比及走势如图 6-4 所示，可以看出工程造价咨询业务的占比在 2017 年之前几乎一路上升，而 2017 年之后占比明显下跌，且 2017 年跌幅达 5%，2018 年与 2017 年基本持平；招标代理业务收入占比基本维持在 10% 上下，比较稳定；工程监理业务收入维持在 20% 左右，也基本稳定。

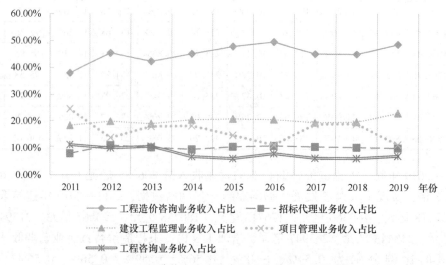

图 6-4　工程造价咨询企业各项业务收入占比及走势

值得关注的是，2017 年，唯有项目管理业务收入占比提升明显，提高了约 8%，其他业务收入占比均下降，可见，2017 年对于工程造价咨询企业来说是一个重要的转折点。2017年 2 月，国务院办公厅发布《国务院办公厅关于促进建筑业持续健康发展的意见》（国办发〔2017〕19 号），明确提出"培育全过程工程咨询"。2017 年 5 月，住房和城乡建设部发布《关于开展全过程工程咨询试点工作的通知》（建市〔2017〕101 号），选择 40 家企业开展全过程工程咨询试点，为期 2 年。全过程工程咨询政策与工程造价关系密切，其推行或许是工程造价咨询企业各项业务收入出现明显波动的原因。工程造价咨询企业应根据自身的特点和发展战略，专注于工程造价咨询，做精做专，做出专业辨识度；或拓展业态，开展全过程工程咨询，提早布局转型之策。

6.1.4　工程造价各专业收入情况

根据住房和城乡建设部发布的 2011—2019 年工程造价咨询统计公报，工程造价咨询企业在房屋建筑工程、市政工程、公路工程、火电工程、水利工程等各专业的收入进行统计，并计算其在全部工程造价咨询营业收入中的占比，结果见表 6-4。

表 6-4　工程造价咨询企业各专业营业收入及占比（2011—2019 年）

年份	房屋建筑工程专业收入（亿元）	房屋建筑工程专业收入占比	市政工程专业收入（亿元）	市政工程专业收入占比	公路工程专业收入（亿元）	公路工程专业收入占比	水利工程专业收入（亿元）	水利工程专业收入占比	火电工程专业收入（亿元）	火电工程专业收入占比	其他各专业合计收入（亿元）	其他各专业合计收入占比
2011	177.43	58.10%	39.1	12.80%	12.87	4.20%	—	—	10.81	3.50%	65.29	21.40%
2012	207.51	59.02%	45.74	13.01%	15.00	4.27%	6.37	1.81%	11.13	3.17%	65.85	18.72%
2013	249.75	59.52%	57.62	13.73%	18.2	4.34%	8.25	1.97%	12.4	3.00%	73.34	17.44%
2014	285.51	59.57%	68.03	14.20%	20.26	4.23%	9.70	2.02%	11.67	2.44%	84.08	17.54%
2015	302.05	58.50%	77.36	14.98%	22.40	4.33%	11.30	2.19%	13.68	2.65%	89.57	17.35%
2016	348.91	58.57%	93.67	15.72%	27.73	4.65%	12.93	2.17%	15.16	2.55%	97.32	16.34%
2017	379.79	57.44%	111.25	16.83%	32.21	4.87%	15.00	2.27%	14.76	2.23%	108.16	16.36%
2018	449.57	58.20%	128.16	16.60%	38.04	4.90%	17.65	2.30%	17.03	2.20%	122.04	15.80%
2019	524.36	58.80%	149.48	16.70%	43.64	4.90%	21.46	2.40%	21.31	2.40%	132.22	14.80%

根据表 6-4 的数据，绘制工程造价咨询企业各专业收入对比图，如图 6-5 所示，可以看出，各专业的工程造价咨询业务的收入均有不同程度的提高；房屋建筑工程专业的造价咨询业务仍然是工程造价咨询企业的主营业务。

工程造价咨询企业各专业的营业收入占比及走势如图 6-6 所示，可以看出房屋建筑工程专业始终占据着建筑业市场的主要份额，也是工程造价咨询企业的主要收入来源，收入占比基本稳定在 60% 左右，仅 2017 年略低；随着近几年房地产调控政策的持续收紧，基础设施建设规模的不断扩大，市政工程、公路工程、水利工程等领域建设量呈现平稳增长趋势，尤其市政工程专业近年来发展态势良好，收入占比快速提高。工程造价咨询企业应顺应其发展，在稳定房建业务的基础上，拓展市政工程等业务领域，以争取造价咨询业务的可持续增长。火电工程收入虽有小幅提高，但收入占比呈现出下降趋势，可能与我国的"十四五"

能源政策有关。

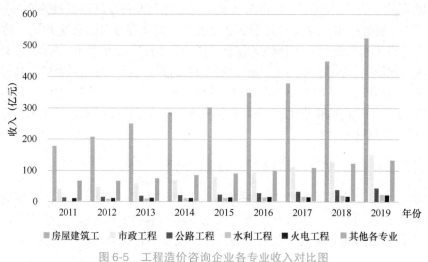

图6-5　工程造价咨询企业各专业收入对比图

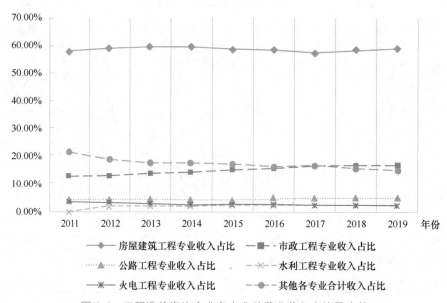

图6-6　工程造价咨询企业各专业的营业收入占比及走势

传统的工程造价咨询企业大多依赖企业数据和政府定额，企业数据积累较少，对互联网数据库的关注和新技术的研发不够，底蕴不足，缺乏长远的战略眼光，没有充分利用互联网的大数据优势形成数据共享，难以提供快捷高效的高质量服务，也难以适应全过程工程造价咨询的发展方向。

6.1.5　工程造价各阶段收入情况

根据住房和城乡建设部发布的 2011—2019 年工程造价咨询统计公报，按工程建设的阶段划分，对工程造价咨询企业前期决策阶段、实施阶段、竣工结（决）算阶段、工程造价经济纠纷的鉴定和仲裁、其他工程造价咨询业务的收入进行统计，并计算其在全部工程造价咨询营业收入中的占比，结果见表 6-5。

表 6-5 工程造价咨询企业按阶段划分营业收入及占比（2011—2019 年）

年份	前期决策阶段收入（亿元）	前期决策阶段收入占比	实施阶段收入（亿元）	实施阶段收入占比	竣工结（决）算阶段收入（亿元）	竣工结（决）算阶段收入占比	工程造价经济纠纷的鉴定和仲裁收入（亿元）	工程造价经济纠纷的鉴定和仲裁收入占比	其他工程造价咨询业务收入（亿元）	其他工程造价咨询业务收入占比
2011	29.41	9.62%	59.21	19.38%	136.53	44.69%	3.77	1.23%	6.92	2.27%
2012	35.57	10.12%	85.17	24.22%	130.21	37.03%	4.42	1.26%	13.58	3.86%
2013	42.65	10.16%	106.94	25.49%	153.89	36.68%	5.61	1.34%	9.65	2.30%
2014	49.63	10.36%	127.98	26.71%	165.94	34.62%	6.78	1.41%	13.34	2.78%
2015	49.96	9.68%	134.23	26.00%	188.34	36.47%	8.61	1.67%	11.9	2.30%
2016	56.42	9.47%	138.18	23.20%	235.74	39.57%	10.63	1.78%	12.02	2.02%
2017	63.09	9.54%	141.9	21.46%	264.74	40.04%	12.37	1.87%	14.98	2.27%
2018	69.01	8.90%	162.81	21.10%	309.28	40.00%	15.74	2.00%	17.34	2.20%
2019	76.43	8.60%	184.07	20.60%	340.67	38.2%	22.33	2.50%	20.01	2.20%

根据表 6-5 的数据，绘制工程造价咨询企业按阶段划分的营业收入对比图，如图 6-7 所示，可以看出，前期决策阶段、实施阶段、竣工结（决）算阶段、工程造价经济纠纷的鉴定和仲裁、其他工程造价咨询业务的收入均有不同程度的提高；实施阶段和竣工结（决）算阶段收入的提升幅度很大，现阶段实施阶段和竣工结（决）算阶段的传统造价咨询业务仍然是工程造价咨询企业的主营业务。

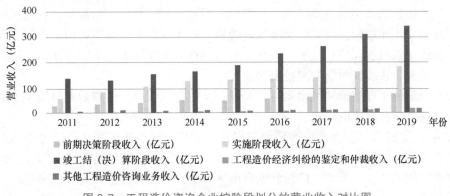

图 6-7 工程造价咨询企业按阶段划分的营业收入对比图

工程造价咨询企业按阶段划分的营业收入占比及走势如图 6-8 所示，可以看出前期决策阶段、工程造价经济纠纷的鉴定和仲裁、其他工程造价咨询业务的收入占比比较稳定；2014 年以后，实施阶段的收入占比开始下降，竣工结（决）算阶段的收入占比开始上升，但从 2011 年到 2019 年的整体趋势来看，实施阶段的收入占比略有上升，竣工结（决）算阶段的收入实际是下滑趋势，这与全过程跟踪审计的业务激增有关，造价管理的重心由竣工结（决）算阶段前移到了实施阶段。

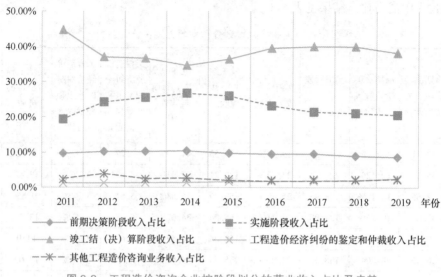

图 6-8　工程造价咨询企业按阶段划分的营业收入占比及走势

6.2　工程造价市场化改革

工程造价管理制度需要与国家经济体制发展相适应。我国从早期的定额计价，到 20 世纪 90 年代中期开始推行"控制量、指导价、竞争费"的造价管理改革，再到 2003 年开始推行的工程量清单计价模式，都体现了这种思路。

2003 年推行的工程量清单计价模式改变了我国建筑企业的计价模式，但是中国特色的造价模式市场化并不彻底。从 2001 年我国加入世界贸易组织到现在，大量外资企业涌入中国市场，我国的建筑市场也逐步向国际化发展，但通过套定额得出的最高限价与当前经济多元化的国际背景不相匹配，也无法精准反映建筑业的生产水平，并不适用于国际工程建设管理。为了推进建筑行业高质量发展，必须坚持市场在资源配置中起决定性作用，正确处理政府与市场的关系，逐步探寻新的单价来源途径。

如何使我国的工程造价领域紧跟时代步伐，又能将工程造价管理制度与国家经济体制发展相适应，这是亟待解决的问题。

2020 年 7 月 24 日，住房和城乡建设部发布《住房和城乡建设部办公厅关于印发工程造价改革工作方案的通知》（建办标〔2020〕38 号），决定在全国房地产开发项目，以及北京市、浙江省、湖北省、广东省、广西壮族自治区有条件的国有资金投资的房屋建筑、市政公用工程项目进行工程造价改革试点。《工程造价改革工作方案》首先说明了工程造价、质量、进度是工程建设管理的三大核心要素，为了充分发挥市场在资源配置中的决定性作用，将进一步推进工程造价市场化改革。并且《工程造价改革工作方案》提出推行清单计量、市场询价、自主报价、竞争定价的工程计价方式，进一步完善工程造价市场形成机制。这为工程造价市场化改革提出了新的要求，也是我国建筑行业走向国际市场所迈出的关键一步。

6.2.1　《工程造价改革工作方案》的解读

《工程造价改革工作方案》的发布意味着工程造价行业不再是以前的"算量组价"，这个行业真正迎来了改革。可以从三个方面来解读《工程造价改革工作方案》。

1. 弱化政府发布定额在计价中的作用，鼓励建筑企业加强数据积累

《工程造价改革工作方案》中强调逐步停止发布预算定额，政府将从"工程造价行业的定义者"转变为"工程造价行业规则制定者"。定额并非取消，而是暂停更新，去优化概算定额、估算指标，企事业单位可依据自身和市场需要自行编制。同时企事业单位将慢慢减少对于定额的依赖，鼓励造价人员云台化办公，储存数据、运用数据，与数据软件相结合，以便将来运用时做到有的放矢。

2. 学习发达国家计量计价规则，探索出中国特色价格机制

我国企业在工程量清单计价模式推行之后，对于定额产生了依赖，走向国际市场时依然按照国内的方法承接项目，导致亏损。在这一方面，国外的计量计价模式就值得我们学习参考，中国的企业应当在学习发达国家的方法之后，逐步探索适合中国特色的计量计价模式，而不是照搬照抄，以增强我国企业市场询价和竞争谈判能力，提升企业国际竞争力。

3. 落实各方单位造价管控责任，探索多元化纷争解决办法

由于合同签订过程中合同文件深度不够，各方单位的责任不明确，导致投资失控和"三超"现象时有发生。《工程造价改革工作方案》中要求以合同方式确定工程计价标准，充分发挥合同管理在工程建设全过程造价管控中的关键作用，在现行的招投标规定的基础上，合理选择设计、施工、监理等单位，选择合同双方认可的计量计价规则，并对其负责。在产生纠纷后，不一定按照传统的解决方法，可以尝试探索工程造价纠纷的多元化解决途径和方法，逐步推行工程造价纠纷调解机制和工程造价咨询企业职业责任保险，妥善化解社会矛盾。

6.2.2　建设单位工程造价市场化改革

《工程造价改革工作方案》的推行，对建设单位工程造价市场化改革提出了新的要求，同时建设单位也会面临各种问题，只有将所面临的各种问题分析透彻并解决，工程造价市场化改革才算成功。

从建设单位所做工作角度来看，决策阶段的主要工作任务是项目策划、项目建议书、项目可行性研究、项目核准、项目备案、资金申请及相关报批工作。但是对于实际情况而言，前期可行性研究、方案设计、初步设计等阶段的有关成果文件普遍质量不高。很多企业的项目建议书、可行性研究报告都是采用固定的模板，并没有真正到实地去勘查，这导致企业对实际的项目了解不透彻，无法在实际实施项目的过程中做到风险对价。

我国实行的是低价中标原则，承包人为了承揽项目往往不断压缩成本，甚至低于成本，目的就是为了中标后通过工程变更、索赔来获取利润。虽然建设单位对此知之甚深，但是由于未到实际项目中去考察，缺乏动态、有效的建筑市场信息把握，依旧无法进行合理有效的报价分析管理。

从建设单位价格掌控方面来看，人员岗位变动较频繁，造价人员的工作经验积累及相关工程案例的数据、参数积累与汇编无法持续汇入数据库为单位所用；建设单位深入现场的时间有限，造价人员只会套用定额，视定额为标准，甚至连定额中的消耗量是否符合实际、机械配置与施工现场是否匹配、材料损耗是否准确都无法确定。这样套定额出来的价格是无法反映一个项目的真实收益。

建设单位工程造价市场化改革所用到的新政策、新模式必然会产生新的问题，建设单位需要根据工程造价数据库、造价指标指数和市场价格信息等编制和确定最高投标限价，按照现行招标投标有关规定，在满足设计要求和保证工程质量前提下，充分发挥市场竞争机制，提高投资效益。同时，企业应当重视决策阶段的工作成果文件的质量问题，将解决办法落实到实处。未来企业可以加强自身的定额积累与汇编，即摆脱依赖国家制作定额的习惯，重视基础研发，为相关投资控制工作提供有效依据。

6.2.3　承包单位工程造价市场化改革

在承包单位工程造价市场化改革之前，多数企业未能建立企业定额、成本数据库等反映企业竞争力的经济指标，造价市场化定价能力不足，投标报价仍然停留在依赖社会消耗量定额的阶段，合同履约阶段不能合理应用精细化造价管理技术，质量、安全、进度等要素对企业成本的真实影响不能从定量的角度进行有理有据的测算，工程变更、工程签证及工程索赔等难以获得建设单位的合理确认。

在承包单位工程造价市场化改革之后，企业应当重视、积累完成项目之后所需要的人、材、机消耗量，提升员工捕捉和应用市场信息的能力，形成竞争机制。在工程建设或是履约过程中，企业应当根据合约和法律来判断是否可以获得价款调整。针对工程纠纷，减少纠纷的主要手段是规范招标投标行为，促使投标人在掌握自身真实成本的基础上科学报价。

6.2.4　咨询单位工程造价市场化改革

随着市场化改革的推进，咨询单位的咨询服务正在从以往的"价格控制"逐步转变为"行为控制"，但在市场化的进程中，未明确建立服务收费与服务行为深度和质量标准之间的匹配度，未强调良好的服务行为及行业自律是影响服务收费的一个重要维度。我国工程造价咨询行业服务内容日趋同质化，核心竞争力的缺乏导致低价竞争愈演愈烈。咨询委托方单纯以价格作为选择咨询服务企业的衡量标准，强调低价中标的观念根深蒂固，导致在执行市场价时仍然压低咨询委托费。在这样的环境下，一些工程造价咨询企业为了拿到项目，不顾诚实信用的行业公约，冒着被投诉处理的风险，压低报价，进行恶性竞争。如此盲目的低价竞争，轻则扰乱行业市场秩序，使人才流动频繁；重则影响咨询服务质量，导致审查纠纷频现，甚至会使得委托方的投资资金蒙受损失。

咨询人员的水平参差不齐，部分从业人员只懂得浮于表面的规则，并没有完成这些工作的能力，业务水平停留在"算量套价"这一层次，相关知识面与知识结构无法满足市场经济体制发展的全新要求，也无法适应全新报价形式和全方位造价管控等新形势的要求。

咨询单位工程造价市场化改革，对于咨询单位来说既是机遇又是挑战。在《工程造价改革工作方案》推行之后，造价咨询企业可以从以下几方面进行改革：首先深化工程造价管理制度改革，打造出一个优秀的制度管理体系；其次培养一群优秀的国际咨询顾问，让咨询企业能够实施"走出去"战略，能够面向国际，让更多人了解中国品牌；最后利用信息化技术改造企业工作模式，利用大数据去完成算量，从而使得工程造价咨询企业能够得到更好地发展。

综上所述，工程造价市场化改革是一项系统工程，既需要各方责任主体转变观念、提升协同发展能力，更需要法规政策配套改革和市场环境的改善。仅靠建设单位工程造价市场化改革、承包单位工程造价市场化改革、咨询单位工程造价市场化改革是不够的。工程造价市场化改革还会在以下三个方面持续推进：

1）强化组织协调。加强与发展改革、财政、审计等部门间沟通协作，做好顶层设计，按照改革工作方案要求，共同完善投资审批、建设管理、招标投标、财政评审、工程审计等配套制度，统筹推进工程造价改革。

2）各方市场主体加强全要素形成造价计价能力建设，加强对进度、质量、安全等要素对造价的影响系统研究。

3）构建多元化的工程造价信息服务体系。信息现代化建设已是全球建筑行业乃至各行各业的必要手段，造价工作应当利用互联网，采用信息化技术，以信息化带动标准化，有效应对风险，提高管理质量，精简管控流程，达到高效快速运转效果。

6.3　全过程工程造价咨询

传统的工程造价管理是将建设项目的设计、施工、监理等阶段分开，不同的造价咨询单位分别负责不同环节的造价管理。这不仅增加了造价管理成本，也分割了建设项目各阶段的内在联系。在这个过程中由于缺少全产业链的整体把控，信息流被切断，上下游的建设环节缺少充分的信息沟通与交互衔接，业主难以得到完整的咨询服务。实行全过程工程造价咨询，其高度整合的服务内容在节约投资的同时有助于缩短项目工期，提高服务质量和项目品质，有效地规避风险。全过程工程造价咨询是政策导向也是行业进步的体现。

6.3.1　全过程工程造价咨询的概念

全过程工程造价咨询是造价咨询机构按照委托合同接受项目建设单位的委托，对整个工程项目各个环节的造价进行全面的监督与控制。它包括从项目投资决策阶段开始，进行工程投资管控，一直到设计阶段、招投标阶段，再到工程项目施工阶段以及后期的工程竣工结算阶段等的全过程的建设与管理。全过程工程造价咨询的主要目标是实现整个建设项目工程造价的有效控制与调整，控制投资风险，促使各项工作按项目投资目标能予以实现的方向进行，为建设项目增值。从短期意义来看，其主要通过集成造价管理，为业主节约建设投资；从长远意义来看，咨询企业在全过程造价管理工作开展过程中，可积累大量的项目原始数据，通过统计整理，不断完善企业内部数据库，为相似类型项目提供相关指标参考，提高造价管控精确性，从而推动建筑工程全过程工程造价咨询管理工作向更为专业化、规范化的方向发展。

全过程工程造价咨询具有以下两个特点：

1）专业性。造价工程师在整个项目的全生命周期中，需要进行全过程的造价管控，包括项目可行性研究、编制招标文件、优化设计方案及出具投资估算、概算造价、预算造价、合同价及决算价等成果性文件。这就要求从业人员必须具备技术、经济、法律等方面的专业知识以及综合管理能力。

2）集成管理性。建设项目在实施过程中，每一阶段的造价管控成果均会对下一阶段的造价管控工作造成影响。因此，在全过程工程造价咨询管理工作中，需要将各阶段的造价管控工作有机地联系起来进行集成管理。同时，通过集成管理将项目参与各方，包括业主、承包商、设计、监理等与造价控制相关的信息进行收集利用，以此来实现全过程工程造价咨询管理的总目标。

6.3.2 全过程工程造价咨询优点分析

1. 贯穿项目全程

提供自决策、准备、实施、评估和运营等阶段的各类工程咨询服务，信息流更为通畅，使得咨询成果具有连贯性、高效性、及时性和全面性的特点，对正在实施和未实施的阶段起指导和控制作用，提升全产业链的整体把控。

2. 统筹管控投资

高效统筹项目的费用估算、设计管理、材料设备管理、合同管理、信息管理等，实时把控每一环节的成本，保证前期咨询与后期执行数据连贯一致、账实相符，提高投资收益，确保项目的投资目标。

3. 深化风险识别

对项目技术和建设风险提前识别，并对相关风险进行预防和控制，信息掌控和资源分配逐步明晰，及时获取有效的资源，并且通过完善各方面资源，不断加强对风险的处理，促进各参与方利益平等，提升风险分担合理性。

6.3.3 全过程工程造价咨询现状分析

1. 发展优势

我国的工程造价咨询企业了解国内相关政策及市场环境，工作中能更好地同业主沟通协调。同时，工程造价咨询公司作为智力密集型的咨询服务企业，拥有大量专业技术人才，分阶段咨询经验丰富，且一般拥有自己的技术经济指标数据库，在向全过程工程造价咨询模式转变过程中，能够利用自身优势，协助业主解决更多潜在的问题，实现投资效益的最大化。

工程造价的形成本身就具有动态性和全过程性，造价工程师的工作和工程造价管理也与建设项目的全过程紧密衔接，从前期投资估算、初步设计概算到施工图预算、招标控制价，再到合同价、结算价等，这条以投资控制为主线的全过程工程造价咨询是造价行业参与全过程咨询工作的核心着力点。根据 2018 年工程造价咨询统计公报，造价咨询业务收入 772.49 亿元，其中全过程工程造价咨询占 25.7%，已经形成了一批初具全过程工程造价咨询服务能力的造价企业，通过他们的实践和推广，全过程工程造价咨询服务正在逐步被社会广泛认可。

2. 发展困境

（1）缺乏综合性人才　工程造价全过程的咨询管理在各个阶段对技术型人才有不同方面的专业性要求，要想做好全过程工程造价咨询管理，需要有大量的以专业技术为基础，同时兼具法律、经济、全局管理意识的综合性人才。但目前国内咨询企业的现状，企业规模普遍较小，技术实力存在不足；人员整体素质偏低，专业性不强，对相关法律法规及经济管理的认识不够。这使咨询单位在全过程工程造价咨询服务的许多阶段中，无法发挥其应有的效果，对全过程的造价管控无法达到预期的结果。

（2）造价工程师的参与程度不够　建设项目各个阶段的成本管理要点不同，为达到全过程工程造价咨询管理的最大效益，造价工程师应积极参与到工程项目的各个阶段当中，根据各阶段的不同特点，进行精细化管理，以此来为建设项目增值。但目前，国内咨询企业主要采用业务型服务模式，直接指派造价工程师负责项目，造价工程师在实行造价管理工作的同时还需负责相关问题的沟通协调等工作，这极大地分散了造价工程师的精力，使得造价工程师在进行成本管控时，往往会忽视各个阶段中许多细节的管理，对于工程造价的控制也普遍更倾向于事后控制，忽视各阶段的事前、事中管理，造成全过程工程造价咨询管理服务的整体质量偏低。

（3）新技术、信息化手段应用程度低　我国全过程工程造价咨询企业起步较晚。目前，国内有上百款的工程造价软件，如广联达、智多星、斯维尔等，均停留在单机计算阶段，无法对项目的全过程工程造价进行管理与监控。目前应用较为广泛的大数据分析软件 BIM 在工程造价领域还处于一种探索的阶段，大部分造价咨询公司暂未引入 BIM 技术，这也使得全过程工程造价咨询管理工作在开展过程中缺少先进技术的支撑，效率不高。因此，我国全过程工程造价咨询成果的准确度和及时性远低于国外先进水平。

3. 发展瓶颈

（1）咨询委托方认知不足　由于国内全过程工程造价咨询服务处于起步阶段，咨询委托方对咨询服务的认知单一，对于全过程工程造价咨询的意识不够。不是所有的咨询委托方都具有正确评估和评价他们所得到的服务的能力素质。高质量的全过程工程造价咨询管理需要专业能力扎实、综合能力强、技术先进、服务创新的咨询企业来完成，高质量的咨询服务意味着必要的服务成本的付出。而咨询委托方往往单纯以价格作为选择咨询服务企业的衡量标准，低价中标的观念根深蒂固。如此一来便形成了两个不良现状：我国工程造价咨询行业服务内容日趋同质化，核心竞争力的缺乏导致低价竞争愈演愈烈；在"咨询服务成本+利润"的市场收费机制下，咨询服务企业以牺牲咨询服务成本为代价，也即牺牲服务质量为代价。因此，咨询委托方的能力素质是全过程工程造价咨询推广的瓶颈之一。

（2）管理制度不明确　目前，对于全过程工程造价咨询暂未确立一套完整的行业管理制度，如统一的执业标准和企业评价标准。咨询单位在接受委托时，业主对于咨询单位的职责划分并不明确，同时缺乏全过程管控的意识，导致在实际的服务过程中，咨询单位开展的业务工作与建设单位、监理单位、跟踪审计单位的工作职责发生冲突或重叠，全过程工程造价咨询服务范围的界定不清晰。同时，咨询企业的监督措施以及相关法律法规不健全。

6.3.4　全过程工程咨询与全过程工程造价咨询

全过程工程咨询与全过程工程造价咨询，虽然都是以"全过程"咨询服务为主导，但它们既有内在本质上的差别，又有外在方法上的联系，实施过程中也呈现出不同的结果和成果导向。全过程工程咨询是全过程工程造价咨询全程化的推动和促进，全过程工程造价咨询是全过程工程咨询实现的前提和保障。随着全过程工程咨询模式的推广和实施，二者必将呈现逐步协同、深度融合的发展趋势。

2019 年 3 月，国家发展改革委、住房和城乡建设部发布了《关于推进全过程工程咨询服务发展的指导意见》，该文件将全过程工程咨询区分为项目决策阶段的"投资决策综合性咨询"和建设实施阶段的"工程建设全过程咨询"，鼓励建设单位委托有关单位提供投资决策环节的综合性咨询服务和工程建设环节的招标代理、勘察、设计、监理、造价、项目管理等全过程咨询服务，满足建设单位一体化服务需求，增强决策论证的协调性和工程建设过程的协同性。全过程咨询单位应当以工程质量和安全为前提，帮助建设单位提高建设效率、节约建设资金。工程建设全过程咨询服务可以由一家具有综合能力的咨询单位实施，也可由多家具有招标代理、勘察、设计、监理、造价、项目管理等不同能力的咨询单位，在明确牵头单位及各单位的权利、义务和责任的基础上联合实施。

1. 全过程工程咨询的核心特征

根据政策原则引导，结合国外工程咨询实践，可从目标、周期、内容、组织形式四个层面辨识全过程工程咨询的核心特征。

1）在咨询服务目标层面，全过程工程咨询强调多目标融合和平衡。咨询者需要站在业主的立场，全面分析外部环境和内部资源条件，综合平衡建设投资、建成物性能、建设工期的关系，达成一个最优的建设目标组合方案。相较于传统的专业分工咨询，全过程工程咨询更加注重前期的科学策划，力求业主决策的合理性和可行性；更加注重通过专业集成提高咨询业务效率，从而实质性提高项目建设管理效率；在仍然关切控制工程投资的同时，更加注重建设对象的性能优化；以质量可靠和安全生产为基础前提，尽可能缩短工期。建成交付后的设施运营管理和运营成本的优化，也需要纳入建设目标统筹考虑。

2）在咨询服务周期层面，全过程工程咨询针对项目建设全过程，必要时还应延至建成投产后的运营维护。工程项目全生命周期包括决策、设计、施工、运营四个阶段，决策和运营阶段的咨询工作尚可相对独立开展，但设计和施工是形成一个建设产品的有机关联过程，全过程工程咨询应完整涵盖这两个阶段。需要注意的是，传统的专业分工咨询尽管也在项目建设的各个阶段为建设方提供服务，但由于其割裂实施的本质，仍然不能被视为全过程咨询。

3）在咨询服务技术内容层面，全过程工程咨询并未改变可行性研究、工程勘察设计、项目管理、工程造价咨询、招标代理、施工监理等传统专业分工咨询的业务技术内容，而是强调各项专业咨询业务的统筹集成。集成指各专业咨询业务的实质性关联和高度协同，关键在于各项业务目标一致、统一策划、技术标准互联互通、业务成果互为支撑。

4）在咨询服务组织形式层面，全过程工程咨询主要表现是项目建设单位对总咨询师的全面授权，以及专业咨询协同工作流程的建立。总咨询师可以是一个人，也可以是一个核心团队，牵头响应业主全过程工程咨询委托任务，承担全过程咨询统筹责任；协同工作流程由总咨询师策划并组织落实，各专业咨询方按照预定的角色责任和权限参与"游戏"，以共同目标引领，受共同规则约束，各显神通的同时尤为强调互为支撑、相互协作。

2. 工程造价咨询业务与全过程工程咨询的融合

全过程工程咨询理念下的工程造价咨询服务投资控制、品质保障和进度管理是全过程工程咨询的三条业务主线。全过程工程咨询思维下的造价咨询，除了是投资控制的直接手段，还必须同时关注项目建设的品质、工期等其他任务目标，做到多阶段连续控价、全方位介入、加强主导作用。

1）多阶段连续控价。工程建设项目要经历多次计价，但传统造价咨询业务对多次计价结果之间的相互影响关系往往不予重视，工程造价咨询业务自身的分阶段割裂是造成这一情况的原因之一。在全过程工程咨询模式下，投资控制目标自始至终贯穿项目从策划到交付的全过程，造价业务工作不再仅只是分阶段的计量计价，众所周知的估算控制概算、概算控制预算、预算控制决算要求才能从真正意义上得以实现。

2）全方位介入。项目可行性研究，需要进行建设投资估算、运营成本分析等技术经济研究，以全生命周期视角来策划最低建设—运营成本和投资最大收益。项目设计，需要在造价分析的基础上合理确定建设标准、优化技术设计，实现预算投资额与功能实现程度之间的平衡。施工（招标）发包，需要充分掌握市场行情，拟定包括承包方式、最高限价（招标控制价）等在内的交易（招标）策略，以发包价格为主控因素，择优选定承包商。施工过程中，除了提供基础的计量计价支付管理服务，还需要变更成本管理、安全生产投入管理、进度—造价平衡管理等更多的造价技术支撑。

3）加强主导作用。单纯的计量计价业务是一项被动的、技术含量较低的工作，如果脱离了全过程思维，任何一项单纯的技术业务均会降低其价值。而一旦造价业务全方位融入项目管理，并且围绕投资控制目标实现全过程作业，那么其能动性将大大提升，在项目管理中的主导作用将得以凸显，同时，还将会提升其他技术业务的价值。货真价实、估算可靠的可行性研究，将避免盲目投资、降低投资风险。限额设计和全生命周期成本—性能控制，可极大提高建设项目的性价比。施工全过程造价控制，可以公平维护发承包双方的权利，保障合约顺利完成。

3. 工程造价咨询企业融入全过程工程咨询的路径思考

1）摒弃惯性思维。全过程工程咨询要求造价咨询传统思维的变革。"短链"和"割裂"是传统造价思维的典型弊端，要跟上变革步伐，业内无论是企业管理者还是业务实施者，均需改变以往偏安一隅的服务思维，将造价业务视角转变为全方位、全过程的投资控制视角。这需要一个渐进过程，这个渐进过程也不是造价咨询一方所能独立完成的，需要建设单位、其他咨询服务单位的同步转变。要加快这一过程，政府和行业组织的引导固不可少，造价专业人员要快速转变思维，进而对相关方进行主动引导、主动服务更加关键。

2）升级技术手段。全过程工程咨询要求造价技术的升级。当前造价行业恰逢技术升级的重大机遇期，至少有两个技术创新方向正在引起行业的广泛关注。一个方向是基于历史造价数据库的造价估价技术革新。半个多世纪以来，工程定额体系支撑了我国的工程造价业务，但其负面作用（造价人员、造价企业不善于建立自己的造价数据库）同样影响深远。传统的工具，即估算指标、概预算定额显现出对于新建设模式、新服务需求下造价业务的不适应，特别是项目前期、初步设计阶段估、概算，全生命周期成本控制，EPC 等非传统发承包模式下的发包价格确定等。十余年来，行业中部分先行者一直在研究建立工程技术特征与造价关联的造价信息数据库，希望以此形成造价指标分析能力，用于快速而精准的估价，以及造价成果质量控制等。此类技术目前仍处于发展的过程中，随着更多的造价咨询企业、造价信息企业、造价行业组织等积极参与，特别是一些数据源和指标成果共享的多方联盟的出现，依托历史数据快速估价、定价的技术手段将日趋成熟。另一个方向是 BIM 技术和智能建模算量技术。BIM 技术逐渐成为全过程工程咨询的常用技术手段，掌握 BIM 技术能够胜任基于 BIM 的造价咨询服务，将成为对造价企业融入全过程咨询的基本要求。融合了工程计量标准化、流程化作业、二维图纸三维机读、三维模型算量等先进技术的智能建模算量技术已初步显现出大幅度提高造价业务效率的态势，依其发展趋势，今后可能有大半算量工作被智能方法取代。主动去研发或至少是引入利用这些新技术的造价企业，才能在变革中赢得先机，反之则面临被市场淘汰的危机。

3）做精做专与拓展转型。全过程工程咨询是所有相关专业服务的集成实施。我国的全过程工程咨询刚刚起步，理论研究层面还以总结发达国家经验为主，实践层面尚无太多示范案例，需要大胆探索，找出既适合国情、对传统建设模式有惯性传承、又能够实质性实现全过程咨询的业务开展和企业转型路径。大部分造价咨询企业，仍应着力于造价专业服务，通过树立全过程意识、升级造价管理技术、提升服务价值来保持专业地位、融入全过程咨询。而部分有志于成为全过程咨询牵头方或转型为综合性咨询企业的大、中型造价咨询企业，则必须进行革命性的企业和业务改造。改造的关键，一是抓住投资控制这一核心任务，确保造价业务全方位介入、全过程作业、高质量管控，做实立足之本；二是拓展形成其他专业服务能力；三是培养全过程咨询业务负责人。综合分析国际综合咨询企业，有既能设计又能管理的"全能"类型，有偏向于设计的集成咨询类型，有偏向于管理的集成咨询类型。造价咨询企业转型之初可考虑走偏向于管理的集成咨询路径，在造价业务之外，拓展前期策划、项目管理、设计管理、招标代理、监理等咨询业务。尤为重要的是，全过程咨询需要具有全局性思维、具备较高专业素养、善于协调各方关系的专业团队，集成咨询牵头企业或综合咨询企业必须加快培养具备充分整合投资管理、品质管控、项目管理各专业工作能力的全过程咨询项目负责人。

推行全过程工程咨询是我国工程建设领域进一步提质增效、进一步适应新型城镇化发展战略、进一步迈向国际先进行列的重大举措，对工程咨询行业的影响必将会是广泛而深远的，既会促进业务技术的革新发展，又会带来市场主体、服务模式的转型变化。作为工程咨询行业重要分支的工程造价咨询，应关注全过程咨询推行对造价业务升级提出的新要求，抓住其所带来的企业发展新机遇。技术层面，应将业务重心更加向前期投资分析、限额设计、发包策划方向倾斜，重视先进技术的研发和掌握。企业发展层面，造价企业应在牢牢把握造价业务核心作用、充分形成全过程咨询业务融入能力的基础上，采取技术研发、人才引进、资本金融等手段，探索适合本企业的技术和服务升级路径，或做精做专，以专业精耕制胜，或做大做强，向集成咨询迈进。提前应对、选准转型发展路径的造价咨询企业，一定能够在全过程工程咨询推行的进程中胜出，既确保并强化工程造价专业地位，又能通过融入全过程咨询，与其他专业协同发力，共同为项目业主保障建设品质、创造投资价值而服务，实现多方共赢。

6.4 BIM 技术对工程造价行业的引导

随着互联网的发展，各行各业都在进入电子时代，大数据是继云计算、物联网之后出现的一种新的数据技术变革，以数据类型的多样化及数据传输的快捷化为主要特点，通过数据共享、交叉复用后获取最大的数据价值利益。在这样的时代背景下，BIM 技术的应用范围不断扩展，尤其是在信息建设方面的应用，取得了非常好的结果。

工程造价行业对于信息的获取和处理都有着较高的要求，针对目前我国造价行业存在的工作效率不高、细节管理水平低等问题，将建筑工程造价与大数据时代的 BIM 技术相结合，可以切实影响项目建设发展进程，优化造价管理，为企业赢取更大经济效益，创造更大社会价值。

6.4.1 我国工程造价行业信息化发展存在的不足

近些年来我国工程造价行业发展迅猛，不断进步，但在大数据时代背景下，当前的工程造价行业还存在着以下几方面的不足。

1. 数据共享协同性差

由于地域和经济发展不均衡、标准规范不统一等因素，全国各地建筑业的状况有较大的差异，这就使得在工程项目实施阶段所应用的信息系统基本都是相互独立、各成一派的，即"信息孤岛"效应。

工程造价行业涉及多方企业的参与，由于没有合适技术的支持，不同单位之间的造价工程师难以实现信息共享，导致业主方和施工企业之间合作效率低下，浪费了大量资源。这样不仅会使某些有价值的信息无法实现共享和直接再利用，还会使信息缺损甚至是丢失，导致建筑工程造价行业发展进程缓慢，限制了行业的未来发展空间。

2. 数据积累存在困难

部分建筑工程企业不重视自身造价数据库的累积，造价管理方面也不规范，因此在编制自身的施工定额时无法获得充足的信息，从而对企业真实成本情况缺乏足够了解，利润无法得到合理确认。同时，企业在获取市场信息方面存在困难，渠道单一，难以快速了解市场环境和竞争对手。

3. 造价指标等造价信息的缺乏

目前我国工程造价行业的企业多采用传统的管理方法，工作模式较为落后，工程量计算工作繁重。造价人员的业务素质良莠不齐，造价合理性的判断水平存在差异，缺少可以依据的造价统计数据参考（建筑市场尚未自发形成权威的造价信息收集、分析、发布渠道），造价信息准确度不够。造价指标的应用停留在理论，实践中缺乏权威造价指标的获取途径，工作效率低，无法实现行业的高效发展。

4. 数据分析处理能力薄弱

目前工程造价行业的数据分析能力较弱，一般只能做到一维的数据分析，这只能满足招投标和预算结算的需求，其对空间和时间维度的数据分析能力远未达标，工程造价项目管理水平仍有待提高。在应用 BIM 进行信息处理方面，大多数企业缺乏科学的分析方法和手段，尤其是对于市场价格信息等外部数据，无法及时更新信息，导致造价过低或过高，难以实现工程造价的动态管理。

6.4.2　工程造价咨询业信息化转型升级的必然

《2006—2020 年国家信息化发展战略》（中办发〔2006〕11 号）提出：信息化是当今世界发展的大趋势，是推动经济社会变革的重要力量。大力推进信息化，是覆盖我国现代化建设全局的战略举措，是贯彻落实科学发展观、全面建设小康社会、构建社会主义和谐社会和建设创新型国家的迫切需要和必然选择。2016 年中共中央办公厅、国务院办公厅印发《国家信息化发展战略纲要》，根据新形势对《2006—2020 年国家信息化发展战略》进行了调整，规范和指导未来 10 年国家信息化发展。

建筑业积极响应和推进信息化建设，阶段性发布了与信息技术推广相关的指导意见、相关标准、应用指南等，政策文件如图 6-9 所示。住房和城乡建设部的工程造价事业发展"十三五"规划中提到要以信息技术创新推动转型升级，向工程咨询价值链高端延伸，提升服务价值，推广以造价管理为核心的全面项目管理服务，优化各个阶段的服务。

图 6-9　建筑业信息化政策文件

住建部在制定信息化发展目标时（见图 6-10），反复提到一个关键词：集成。可以理解为建筑业的信息化表现为信息的集成应用。而如何实现信息的集成应用，在目标制定中也给出了答案：BIM 技术的推广。

住房城乡建设部关于推进建筑业发展和改革的若干意见	住房城乡建设部关于印发推进建筑信息模型应用指导意见的通知	住房城乡建设部关于印发2016—2020年建筑业信息化发展纲要的通知
（建市〔2014〕92号）2014年07月01日	（建质函〔2015〕159号）2015年06月16日	（建质函〔2016〕183号）2016年8月23日
促进建筑业发展方式转变　提升建筑业技术能力。完善以工法和专有技术成果，试点示范工程为抓手的技术转移与推广机制，依法保护知识产权。积极推动以节能环保为特征的绿色建造技术的应用。推进建筑信息模型（BIM）等信息技术在工程设计、施工和运行维护全过程的应用，提高综合效益。推广建筑减隔震技术。探索开展白图替代蓝图、数字化审图工作。建立技术研究应用与标准制定有效衔接的机制，促进建筑技术成果转化，加快先进适用技术的推广应用。加大复合型、创新型人才培养力度。推动建筑领域国际技术交流合作。	发展目标　到2020年末，建筑行业甲级勘察、设计单位以及特级、一级房屋建筑工程施工企业应掌握并实现BIM与企业管理系统和其他信息技术的一体化集成应用。　到2020年末，以下新立项项目勘察设计、施工、运营维护中，集成应用BIM的项目比率达90%：以国有资金投资为主的大中型建筑；申报绿色建筑的公共建筑和绿色生态示范小区。	发展目标　"十三五"时期，全面提高建筑业信息化水平，着力增强BIM、大数据、智能化、移动通讯、云计算、物联网等信息技术集成应用能力，建筑业数字化、网络化、智能化取得突破性进展，初步建成一体化行业监管和服务平台，数据资源利用水平和信息服务能力明显提升，形成一批具有较强信息技术创新能力和信息化应用达到国际先进水平的建筑企业及具有关键自主知识产权的建筑业信息技术企业。

图 6-10　建筑业信息化发展目标

近年来，大数据、互联网+、人工智能等逐渐深入建筑业，BIM 的应用随之普及，其可视化、参数化、信息承载能力强等特征使得建设工程相关信息在不同专业、不同阶段、不同地区之间得以实现共享，增强了信息传递的完整性和精确性。新技术的出现，为工程造价咨询行业带来了机遇与挑战。造价咨询企业不能继续停留在传统的算量套价工作上，应当尽快寻求转型，借助信息集成，朝着全过程造价咨询服务发展，提升整个行业的管理效率和技术含量。

此外，国家大力提倡推动全过程咨询的发展，许多设计院、监理公司、项目管理公司、甚至业主和施工企业都开始组建专业团队，尝试在项目中开展建设工程全生命周期的咨询管理服务，工程造价咨询业务向上下产业链的招标代理、工程监理、项目管理、工程咨询等延伸的趋势日渐明显，建筑行业的产业链逐渐融合，这给工程造价咨询行业的转型升级提供了良好的机会，同时，造价咨询企业也将面临上下游业务延伸所带来的竞争压力。

在上述背景下，我国工程造价咨询行业的信息化转型升级已是必然。

6.4.3　基于 BIM 技术的工程造价行业信息化发展策略

1. 扩大企业规模，提高行业利润

工程造价咨询企业规模偏小，地区发展不平衡，甚至出现地区垄断的现象，难以做好跨

区域的品牌建设和服务提供。为打破这一僵局，可以尝试树立品牌发展的战略，通过并购、合并、加盟、联盟等方式，以连锁型造价咨询平台为切入点，形成全国连锁的品牌效应，让企业可以实施"走出去"战略，面向国际，扩大影响，通过做大业务量、扩大规模，从而提高收益和利润。

2. 加强 BIM 相关人才培养

BIM 技术目前是工程造价行业转型的主要手段，也是当前企业需要思考的主要问题，在大数据背景下，工程造价将逐渐转型为知识密集型行业，BIM 的应用研究需要一大批高端复合型专业人员，在培养人才的同时还要持续引进具备经济、法律、管理、计算机的复合型人才，为造价咨询行业的发展提供支持。因此，行业需要重视对高素质综合人才的引进和培养，不断加强员工培训，做好人才储备。

3. 基于 BIM 技术进行全过程管控

BIM 技术运用到造价的全过程管控中，支持从设计到施工项目设施管理的不同阶段的不同专业。BIM 的引入使得各专业被整合到统一的平台上，借助 BIM 的可视化功能，设计单位、施工单位、监理单位等可以从多方位全面审核图纸，从 3D 的模型碰撞检查到 5D 的集成本、进度管控为一体的动态管控，有效提高图纸的审核效率和准确度，减少工程实施中可能发生的设计变更，实现经济效益最大化。

4. 基于 BIM 建立大数据资源库，实现信息共享

目前，行业获取经济指标等信息的渠道较少，大多数造价咨询企业仍然依赖定额和政府信息，信息来源单一，不利于行业进步。企业应当重视专业数据库的积累，可通过购买、合作、加盟等方式确保数据库信息来源的全面性，积极应用大数据时代下 BIM 技术，完善工程造价信息系统。在项目实施过程中，各阶段的信息繁杂，各方对项目的监测存在许多困难，在项目的建设过程中，应将信息分类归纳，划分板块，并建立系统进行分板块管理，利用 BIM 技术收集各阶段的多元信息，再进行系统的数据整合、分析和挖掘，以工程项目为基础，以多维度模型为手段，建立完善的信息模型，对建筑工程项目的全过程开展模拟化与信息化管控。

5. 应用 BIM 技术，提高服务质量

BIM 技术发展迅猛，为传统的造价咨询业务提供了高质量服务的机会，推动了咨询行业的变革升级，企业应当紧跟时代步伐，充分运用大数据等现代化信息工具来提升咨询服务价值，优化业务结构。

6. 加强风险控制，构建诚信体系

工程造价咨询企业往往承担着巨大的经济责任，因此企业应当通过优化管理理念、加强管理体系建设等方式加强风险控制，保证造价咨询结果的准确性和权威性，提高客户满意度和企业自身信誉度。

6.4.4　BIM 技术对工程造价行业的影响

1. 对造价专业人员的影响

在建筑工程造价领域，造价专业工作人员的综合素质与造价公司业务完成质量关系密切，决定了企业的综合发展效益。一方面，BIM 技术的发展大大减轻了造价人员的工作量，各类计量计价软件使得工作更加简单易上手，降低了相关人员进入造价行业的门槛。另一方面，也对造价专业人员的综合素质能力提出了更高的要求。

目前造价人员在 BIM 技术的处理上还存在诸多问题, 如 BIM 软件工具的操作复杂性、数据在各阶段共享困难、项目情况的实时跟踪及应对策略等, 而这就需要大量的大数据时代的新技术人才加入进来, 合理利用 BIM 技术, 有效提高工作质量。工程造价行业已经逐渐由原来的劳动力密集型行业转向知识和技术密集型行业。

2. 对造价企业的影响

(1) 提高企业经营科技含量　传统的工程造价业务主要依靠人工完成, 工程量计算任务繁重, 各项事务的落实都需要耗费大量人力, 而随着 BIM 技术的出现, 计量软件可以一键完成工程量计算, 数据的共享协同使得询价等工作开展起来更加快捷方便, 大大提高了工作效率, 出错率也随之降低, 造价行业的科技含量得到很大提升。这必然导致行业对于初级造价人才的需求锐减, 转而利用 BIM 技术实现高效工作, 实现企业高效率稳定发展。

(2) 优化细节管理　由于实际工程现场情况多变, 可能会出现各种问题, 因此在造价管理工作中需要设计人员、绘图人员和造价控制人员之间的良好配合, 如果几方沟通不良, 就会导致工程设计与施工无法满足要求, 设计变更频发, 成本增加, 甚至延长工期。建筑结构和安装设备等不同专业之间的设计图也可能会出现矛盾, 工作人员往往难以及时发现。而对 BIM 技术的充分利用可以优化工程细节管理, 进行管道碰撞、干涉检测, 实现对不同专业的模拟与测试, 以便及时发现问题, 进而采取措施, 有效控制影响工程成本的各项因素, 实现施工实时动态管理。

(3) 实现企业服务精细化发展　BIM 技术对企业规模建设也有着巨大的影响, 它要求工程造价企业逐步实现服务精细化发展, 而现有的造价企业只有集中各方面的力量发展自己独具特色和优势的业务, 将服务精细化, 并且形成核心竞争力, 才能在竞争越来越激烈的市场上占有一席之地。

(4) 提高信息化管理建设水平　在以往的工程建设中, 项目结束后相关资料便大量堆积, 十分不利于后期查阅和处理, 在后期的项目工作中也难以借鉴相关经验和数据, 导致重复性工作增加, 未能充分利用已完成项目的价值。而 BIM 可以实现信息的归类保存, 并快速提取数据, 实现价格估算, 效率高、简洁方便。

本章小结

　　本章对工程造价咨询行业的发展现状、改革方向及技术前沿进行了介绍。

　　首先根据住房和城乡建设部发布的工程造价咨询统计公报, 从工程造价咨询企业规模、从业人员情况、营业收入情况、各专业收入情况、各阶段收入情况全方面分析工程造价的行业发展现状。

　　然后, 通过《工程造价改革工作方案》的解读, 对工程造价市场化改革进行了介绍。工程造价市场化改革是一项持续推进的系统工程, 既需要建设单位、承包单位、咨询单位等各方责任主体转变观念、提升协同发展能力, 也需要整个建筑业环境及法规政策的配套完善。

　　接着, 对能够将各阶段的造价管控工作有机联系起来进行集成管理的全过程工程造价咨询管理进行了详细的介绍。并对全过程工程咨询、全过程工程造价咨询这两个容易混淆的概念进行了关联分析。

　　最后, 介绍 BIM 对工程造价行业信息化转型升级的技术支撑作用。

思考题

1. 新时代下，工程造价市场化改革应该从哪几个方面进行？
2. 我国的建筑企业如何响应"一带一路"走出国门？在工程造价管理方面需要具备怎样的能力？
3. 如何理解全过程工程咨询和全过程工程造价咨询二者之间的联系？
4. BIM 技术的推广与工程造价信息化建设的推进有什么关联？

国内开设工程造价专业本科院校名单 (2019)

序 号	学 校 名 称	省 份	数 量
1	北京建筑大学	北京	1
2	天津理工大学		
3	天津城建大学	天津	3
4	北京科技大学天津学院		
5	河北地质大学		
6	河北建筑工程学院		
7	河北水利电力学院		
8	河北民族师范学院		
9	石家庄学院		
10	华北电力大学（保定）		
11	唐山学院		
12	北华航天工业学院		
13	河北工程技术学院	河北	18
14	北京交通大学海滨学院		
15	燕京理工学院		
16	保定理工学院		
17	河北地质大学华信学院		
18	石家庄铁道大学四方学院		
19	华北理工大学轻工学院		
20	华北电力大学科技学院		
21	河北科技学院		
22	河北外国语学院		
23	华北水利水电大学	河南	23
24	中原工学院		

（续）

序　号	学 校 名 称	省　份	数　量
25	许昌学院	河南	23
26	河南财经政法大学		
27	郑州航空工业管理学院		
28	黄淮学院		
29	洛阳理工学院		
30	河南财政金融学院		
31	河南城建学院		
32	黄河科技学院		
33	郑州科技学院		
34	郑州升达经贸管理学院		
35	商丘学院		
36	中原工学院信息商务学院		
37	郑州工商学院		
38	安阳学院		
39	新乡医学院三全学院		
40	河南师范大学新联学院		
41	信阳学院		
42	黄河交通学院		
43	商丘工学院		
44	郑州财经学院		
45	郑州成功财经学院		
46	山西大学	山西	6
47	山西财经大学		
48	山西应用科技学院		
49	山西工程技术学院		
50	山西工商学院		
51	山西工程技术学院		
52	内蒙古科技大学	内蒙古	5
53	内蒙古农业大学		
54	鄂尔多斯应用技术学院		
55	内蒙古师范大学鸿德学院		
56	鄂尔多斯应用技术学院		

（续）

序 号	学 校 名 称	省 份	数 量
57	绍兴文理学院元培学院	浙江	4
58	绍兴文理学院		
59	浙江科技学院		
60	浙江水利水电学院		
61	辽宁科技大学	辽宁	12
62	沈阳建筑大学		
63	辽宁工业大学		
64	大连大学		
65	辽宁科技学院		
66	辽东学院		
67	大连理工大学城市学院		
68	沈阳城市建设学院		
69	辽宁理工学院		
70	大连财经学院		
71	沈阳城市学院		
72	辽宁财贸学院		
73	吉林建筑大学	吉林	8
74	长春工程学院		
75	吉林农业科技学院		
76	长春大学旅游学院		
77	长春建筑学院		
78	长春科技学院		
79	吉林建筑科技学院		
80	长春工业大学人文信息学院		
81	绥化学院	黑龙江	6
82	哈尔滨石油学院		
83	黑龙江东方学院		
84	黑龙江工程学院		
85	哈尔滨华德学院		
86	哈尔滨剑桥学院		
87	淮阴师范学院	江苏	8
88	徐州工程学院		
89	三江学院		

（续）

序　号	学　校　名　称	省　份	数　量
90	南通理工学院	江苏	8
91	南京工程学院		
92	南京审计大学		
93	东南大学成贤学院		
94	苏州科技大学天平学院		
95	安徽工业大学	安徽	10
96	安徽理工大学		
97	黄山学院		
98	安徽财经大学		
99	铜陵学院		
100	安徽建筑大学		
101	皖江工学院		
102	阜阳师范学院信息工程学院		
103	安徽建筑大学城市建设学院		
104	安徽工业大学工商学院		
105	福建工程学院	福建	12
106	武夷学院		
107	三明学院		
108	莆田学院		
109	闽南理工学院		
110	福建师范大学闽南科技学院		
111	厦门工学院		
112	泉州信息工程学院		
113	福州理工学院		
114	福建江夏学院		
115	福州外语外贸学院		
116	厦门大学嘉庚学院		
117	江西理工大学	江西	12
118	萍乡学院		
119	江西科技师范大学		
120	新余学院		
121	九江学院		
122	江西工程学院		

（续）

序　号	学校名称	省　份	数　量
123	江西应用科技学院	江西	12
124	南昌理工学院		
125	江西理工大学应用科学学院		
126	江西农业大学南昌商学院		
127	华东交通大学理工学院		
128	南昌工学院		
129	山东科技大学	山东	17
130	青岛理工大学		
131	山东建筑大学		
132	青岛农业大学		
133	山东工商学院		
134	潍坊科技学院		
135	山东英才学院		
136	山东农业工程学院		
137	青岛恒星科技学院		
138	聊城大学东昌学院		
139	齐鲁理工学院		
140	山东华宇工学院		
141	青岛理工大学琴岛学院		
142	山东现代学院		
143	山东协和学院		
144	青岛黄海学院		
145	青岛滨海学院		
146	武汉纺织大学	湖北	21
147	黄冈师范学院		
148	湖北文理学院		
149	中南财经政法大学		
150	湖北工程学院		
151	三峡大学		
152	湖北经济学院		
153	武昌首义学院		
154	武昌理工学院		
155	武汉生物工程学院		

（续）

序　号	学 校 名 称	省　份	数　量
156	湖北大学知行学院	湖北	21
157	武汉科技大学城市学院		
158	三峡大学科技学院		
159	武汉工程大学邮电与信息工程学院		
160	武昌工学院		
161	长江大学工程技术学院		
162	湖北商贸学院		
163	湖北文理学院理工学院		
164	湖北工程学院新技术学院		
165	武汉华夏理工学院		
166	武汉工程科技学院		
167	广西科技大学	广西	7
168	百色学院		
169	广西财经学院		
170	南宁学院		
171	贺州学院		
172	桂林理工大学博文管理学院		
173	广西科技大学鹿山学院		
174	四川大学	四川	23
175	西南交通大学		
176	西南石油大学南充校区		
177	西南科技大学		
178	四川轻化工大学		
179	西华大学		
180	四川农业大学		
181	四川师范大学		
182	四川文理学院		
183	乐山师范学院		
184	成都大学		
185	成都师范学院		
186	西南交通大学希望学院		
187	西南科技大学城市学院		
188	四川大学锦江学院		

（续）

序　号	学　校　名　称	省　份	数　量
189	西南财经大学天府学院	四川	23
190	四川大学锦城学院		
191	四川工业科技学院		
192	四川工商学院		
193	成都文理学院		
194	成都理工大学工程技术学院		
195	成都信息工程大学银杏酒店管理学院		
196	成都师范学院		
197	重庆大学	重庆	7
198	重庆交通大学		
199	重庆文理学院		
200	长江师范学院		
201	重庆科技学院		
202	重庆工程学院		
203	重庆大学城市科技学院		
204	遵义师范学院	贵州	7
205	贵州师范大学		
206	凯里学院		
207	贵州财经大学		
208	贵州理工学院		
209	贵州民族大学人文科技学院		
210	贵州大学明德学院		
211	昆明理工大学	云南	10
212	云南农业大学		
213	曲靖师范学院		
214	昆明学院		
215	云南经济管理学院		
216	云南工商学院		
217	昆明理工大学津桥学院		
218	昆明医科大学海源学院		
219	云南大学滇池学院		
220	云南师范大学商学院		

（续）

序　号	学　校　名　称	省　份	数　量
221	长安大学	陕西	13
222	安康学院		
223	西安培华学院		
224	西安财经大学		
225	西安欧亚学院		
226	西安翻译学院		
227	西京学院		
228	西安思源学院		
229	陕西国际商贸学院		
230	陕西服装工程学院		
231	西安科技大学高新学院		
232	西安交通工程学院		
233	西安工业大学北方信息工程学院		
234	兰州理工大学	甘肃	7
235	兰州交通大学		
236	陇东学院		
237	天水师范学院		
238	兰州工业学院		
239	兰州交通大学博文学院		
240	兰州商学院陇桥学院		
241	广东白云学院	广东	5
242	广州大学		
243	广东技术师范学院天河学院		
244	广东工商职业学院（专科）		
245	广东工业大学华立学院		
246	长沙学院	湖南	6
247	湖南城市学院		
248	湖南工学院		
249	湖南财政经济学院		
250	湖南交通工程学院		
251	湖南信息学院		
252	海口经济学院	海南	1

参考文献

[1] 沈中友，颜成书．工程造价专业导论 [M]．北京：中国电力出版社，2016．

[2] 教育部高等学校教学指导委员会．普通高等学校本科专业类教学质量国家标准：下 [M]．北京：高等教育出版社，2018．

[3] 住房和城乡建设部高等教育工程管理专业评估委员会．高等学校工程管理类专业评估认证文件：适用于工程管理和工程造价专业 [EB/OL]．(2017-06-21) [2019-07-18]．http：//www.mohurd.gov.cn/jsrc/zypg%20/w02017062121371451553505759.pdf．

[4] 高等学校工程管理和工程造价学科专业指导委员会．高等学校工程造价本科指导性专业规范（2015年版）[M]．北京：中国建筑工业出版社，2015．

[5] 徐大图．建设工程造价管理 [M]．天津：天津大学出版社，1989．

[6] 吴宁．我国工程造价管理的历史沿革及发展策略 [J]．徐州工程学院学报（社会科学版），2006（6）：99-101．

[7] 李志香．工程造价的发展历程 [J]．门窗，2014（10）：243．

[8] 朱晓楠．试论我国工程造价管理的发展 [J]．中国新技术新产品，2009（1）：38．

[9] 杨静．浅谈工程造价的发展 [J]．山西师范大学学报（自然科学版），2013（S2）：151-152．

[10] 康达罗夫，马珍珠．关于减低工程造价的问题 [J]．水力发电，1954（2）：36-38．

[11] 王泰来．略谈施工组织设计及其对确定工程造价预算价值的意义 [J]．人民长江，1957（8）：42-44．

[12] 俞文青．建筑工程造价的形成及其存在的几个问题 [J]．财经研究，1980（1）：71-78．

[13] 金大勇．抓好工程造价管理工作 [J]．四川金融，1990（9）：41．

[14] 赵宗仁．我国工程造价管理如何与国际惯例接轨 [J]．工程经济，1996（2）：9-11．

[15] 任素凤．关于国家投资项目中的工程造价控制问题 [J]．工程经济，2000（3）：15-18．

[16] 黄敏．公路工程造价管理方法及信息化系统的构建与应用 [D]．武汉：中国地质大学，2017．

[17] 邓铁军．工程建设环境与安全管理 [M]．北京：中国建筑工业出版社，2009．

[18] 李定仁．试论高等学校教学过程的特点 [J]．高等教育研究，2001，22（3）：75-77．

[19] 黄甫全，王本陆．现代教学论学程 [M]．北京：教育科学出版社，1998．

[20] 余文森，刘家访，洪明．现代教学论基础教程 [M]．长春：东北师范大学出版社，2007．

[21] 顾明远．教育大辞典：增订合编本 [M]．上海：上海教育出版社，1998．

[22] 余胜泉．推进技术与教育的双向融合——《教育信息化十年发展规划（2011—2020年）》解读 [J]．中国电化教育，2012（5）：5-14．

[23] 俞洪良，毛义华．工程项目管理 [M]．杭州：浙江大学出版社，2014．

[24] 李建锋，赵健，勾利娜，等．工程造价（专业）概论 [M]．2版．北京：机械工业出版社，2018．

[25] 郝敏．基于项目导向教学模式下的工程造价专业人才培养体系构建研究 [D]．济南：山东大学，2017．

[26] 中华人民共和国住房和城乡建设部，中华人民共和国交通运输部，中华人民共和国水利部，等．造价工程师职业资格制度规定 [Z]．2018-07-20．

[27] 中华人民共和国住房和城乡建设部，中华人民共和国交通运输部，中华人民共和国水利部，等．造价工程师职业资格考试实施办法 [Z]．2018-07-20．

[28] 全国造价工程师职业资格考试培训教材编审委员会．建设工程造价管理 [M]．北京：中国计划出版

社，2019.

[29] 四川省造价工程师协会．建设工程计量与计价实务（安装工程）［M］．北京：中国计划出版社，2019.

[30] 陶学明，熊伟．建设工程计价基础与定额原理［M］．北京：机械工业出版社，2016.

[31] 中国教育在线．全国各地硕士研究生招生考试报考人数［EB/OL］．［2020-01-31］．http：//www.eol.cn/e_ky/zt/common/bmrs/.

[32] 中国财政科学研究院．投资政策尚待进一步完善［EB/OL］．（2019-06-19）［2020-02-02］．http：//www.chineseafs.org/index.php？m＝content&c＝index&a＝show&catid＝23&id＝1435.

[33] 姚瑶．工程造价管理改革的目标与途径研究［J］．建材与装饰，2020（4）：151-152.

[34] 刘亚梅．基于工程投控加法律风控模式的全过程造价咨询研究［D］．杭州：浙江大学，2013.